图3-3 氢燃料电池概念独轮车

图4-1 无坚不摧的双刃电锯

图4-8 Tripp Trapp成长椅

图7-3 概念船"AZ岛"

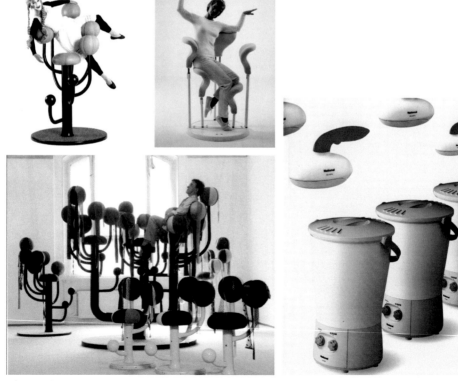

图7-7 多功能休闲家具

图7-8 松下"温柔"熨斗与"电桶"洗衣机

高等学校工业设计系列教材

工业设计导论
INTRODUCTION TO INDUSTRIAL DESIGN

许喜华　唐松柏　编著

化学工业出版社
·北京·

内 容 提 要

本书以国际工业设计联合会（ICSID）2001《设计的定义》与《2001汉城工业设计家宣言》中对设计的性质的界定为基础，从文化的视野系统、全面阐述工业设计研究的对象、工业设计的性质、工业设计的特征及工业设计与技术、工业设计与文化的关系，使学生建立起"工业设计是一个具有严密内在逻辑结构的科学系统，是一门在'人、设计对象、环境'系统中寻求最佳结果的学科"的认知，从而对工业设计学科有一个基本的、概貌性的理解。

本书可供设计类专业高等教育本科教学使用，也可供设计专业人士参考。

图书在版编目（CIP）数据

工业设计导论 / 许喜华、唐松柏编著. —北京 ：
化学工业出版社，2013.7（2023.8重印）
高等学校工业设计系列教材
ISBN 978-7-122-17532-8

Ⅰ. ①工… Ⅱ. ①许… ②唐… Ⅲ. ①工业设计-高
等学校-教材 Ⅳ. ①TB47

中国版本图书馆CIP数据核字(2013)第117857号

责任编辑：程树珍 李玉晖 　　　　　　　　　装帧设计：王晓宇
责任校对：吴 静

出版发行：化学工业出版社（北京市东城区青年湖南街13号 邮政编码100011）
印 　　装：北京科印技术咨询服务有限公司数码印刷分部
710mm×1000mm 　1/16 　印张11¼ 　彩插1 　字数205千字 　2023年8月北京第1版第5次印刷

购书咨询：010-64518888 　　　　　　　　　售后服务：010-64518899
网 　　址：http://www.cip.com.cn
凡购买本书，如有缺损质量问题，本社销售中心负责调换。

定 　　价：39.00元

在当今中国，有着三十多年发展历程的工业设计，给社会公众的印象更多的是一门关于方法论而非观念论的学科。在工业设计界内部，基本上也可以下这样的判断。

但是，工业设计不仅仅是一个过程、一个结果、一种工业社会关于物与非物产品的设计方法，它更应是一种思想、一种理念、一种精神、一种目的、一种理想以及一种价值体系。

因而笔者一直认为，工业设计不仅是一门富于"行"的学科，更是富有"思"的学科。所谓"思"，就是思想、观念、思维、思考。工业设计不仅要研究设计程序、设计方法及设计表达等涉及"怎么做"这一"行"的方法论问题，更要研究"为什么要这么做"这一涉及设计本体论的"思"的问题。"工业设计应当通过将'为什么'的重要性置于对'怎么样'这一早熟问题的结论性回答之前，在人们和他们的人工环境之间寻求一种前摄的关系（《2001汉城工业设计家宣言》）。"因此，"思"的问题，即"为什么"的问题，应该成为工业设计教学与研究中首要的内容之一。

"思"，即"为什么"问题的阐述，应该让读者建立起工业设计的人文观、哲学观、文化观、系统观与创造观。只有这样，才能对工业设计学科有一个全面的、系统的、本质的认知。

1. 人文观。设计的起点与归宿点都是人，因此，人是设计服务的唯一对象。所谓人文观，就是以人文的眼光、人文的思想思考设计、衡量设计、评价设计。在某种意义上，设计强调人文观多少有点多此一举的感觉，因为正像老母鸡下的蛋都是鸡蛋而非鸭蛋一样，服务于人类自身的设计行为，其设计的人文特征应是不证自明的。但是，在产品物化过程中由于复杂技术手段的选择与使用，往往遮蔽了产品设计的初衷，即人性目的，也大大削弱了人们以特定文化背景下形成的生存方式与行为特征提出的需求与产品技术所提供的物质效用功能内容以及通过设计而形成的操作方式"匹配"的合理性研究与思考，使得设计难免走向异化。所谓"匹配"的合理性，就是指产品技术通过设计而"固化"在产品中的物质功能内容和操作方式与人们所希望的生活模式、生活方式、行为特征等间的配合的和谐性。这种匹配的合理性就是设计的人文性。

提到设计的人文性或人性化，我们马上就会把思维指向产品的形式审美性与操作方式的合理性，这是对的。关键是，通过设计使得产品技术"固化"为产品的功能内容，以及这个内容与产品使用者的生活方式、行为特征间的匹配性，是否构成了工业设计的内容、甚至是重要内容？这一问题的回答如果为"是"的话，那么，设计的人文性不仅应该包括这一层面的内容，而是应该成为设计人文性最主要的构成部分。

目前，真正对上述问题持肯定态度的恐怕不多，因为大多数人认为产品物质效用功能的创造是工程师的职责，而与设计师无关，这里我们姑且不论这样的划分是否合理，先从另一角度分析或许能找出这一问题解决的关键。

在国内高等院校学科设置中，不乏众多的、覆盖各类产品与行业的关于物的建构的技术原理、技术设计学科与专业设置，如计算机、汽车、船舶、航天器、家电、机械、电子、能源等等；也不乏社会科学与人文学科；但却没有一个联结人的需求（或社会需求）与技术的学科。这一学科将技术直接指向人的需求，使技术走向应用；另一方面，它也使人的需求现实化，使人的需求走向现实可能。这样的学科对人类的生存与发展有着极其重要的意义。在某种意义上，工业设计就是这样一个"一头连系着人，另一头连系着技术"的学科。实际上，工业设计也早已承担起联系"人的需求"与"技术功能"的重担，创造出一个又一个人类的文明。因此，产品物质效用功能的创造以及它与人的需求间的"匹配"研究与设计，无疑是工业设计的目标之一，而且构成了工业设计的主要内容。国际许多著名设计公司的设计实践也完全证明了这一点。美国苹果公司的计算机、ipod、iphone 等一系列产品，如果没有这些产品的许多具体技术功能与人的需求的高度匹配性，而只具有其新颖的外形，它们还具有这么强大的市场吸引力吗？

产品设计的形式特征与产品合理的操作方式无疑构成了产品设计人性化的内容之一，但产品物质效用功能在根本上决定着使用的人的生存方式，因而更能体现出产品的人文性。汽车、电视、洗衣机的物质效用功能内容给人类生存方式带来的变化远远大于它们的操作方式与审美方式对人的生存方式的影响。因此，设计的人文性与人文精神，更重要的体现就是产品物质效用功能的创造，以及创造的物质所用功能与人的生存方式"匹配"的和谐性。如果工业设计把产品这一层面的内容及这一层面的人文性排除之外，那么，工业设计的完整性及人文性是值得怀疑的。

实际上，《2001 汉城工业设计家宣言》，中国建设创新型国家的目标，以及国外工业设计的发展，都昭示着这样一个事实，即中国工业设计的主战场必将逐步转移到以产品物质效用功能的创造这一产品的根本创新以及效用功能与人的生存方式的匹配和谐性研究等方面上来，这既是中国工业设计的时代性发展，也是民族前进的历史性使命。

2. 哲学观。如果把人的需求放到哲学范畴中考察，许多"满足人的需求"的所谓人性化设计其实是非人性化的。因为当把"人—物"系统推进到"人—物—环境"系统中时，设计"满足人的需求"的目标也就被提升为设计"满足人的需求"与"满足环境许可"。只有在"环境许可"条件下的"人的需求"的满足，设计才是可持续发展的，设计才具有完全意义上的"人性化"。

另外，"人的需求"如果失去人的终极发展目标的引导，满足"人的需求"的所谓人性化设计也必将异化为非人性化设计，走向设计初衷的反面。

上述所反映的人与自然的关系、人自身发展的终极目标，正是哲学所要探索与回答的问题。设计只有遵循人与自然的正确关系，符合人的发展的目标，才具有最大意义上的人性化。任何违背人的发展目标及违背环境原则的设计，自然是异化于人的目标的设计。这样，设计不仅与哲学紧紧相连，而且还必须服从哲学思想的支配。

3. 文化观。设计文化观的建立，其重要性首先来自于对设计学科正确认知的需求。多年来，我们对工业设计学科一直缺乏系统的、清晰的、正确的、本质性的认知，与缺乏"从文化高度、以文化视野"观察、分析与研究工业设计学科密切相关。也就是说，如果我们不能从文化的高度、以文化的视野去研究工业设计，那么工业设计的学科性质、工业设计的本质等这些涉及工业设计学科本体论的结构与内容，将永远被遮蔽着。一个学科只有把它置于人类文化的结构中，考察它与其他文化结构要素的相互关系与作用，即它的"本质与力量"在其他文化要素或学科上的"映射"与"外化"，才能体现出它的性质与特征。正如测试一个人力量的大小，只有通过他把他的对手摔倒在地，或把一块大石头搬起、改变其位置等这些力量"映射"与"外化"的特征，才能得知。一个学科的性质是不可能在其自身的封闭体系中苦苦"寻求"而得到。

设计文化观的成立，还来源于：一"设计是文化"，即工业设计作为人与环境的中介所体现出来的文化特征，即设计的文化内涵；二"设计的文化"，即工业设计的过程与结果，所创造的文化现象与文化成果，体现出设计的文化生成。

设计文化内涵是不容置疑的。任何一个设计师不管是有意还是无意，其设计过程与结果无不受特定时代、特定民族、特定区域文化要素的控制与约束；设计理念、设计规范、技术与工艺等，无不影响着设计的过程与结果，使得任何设计都深深地烙着时代文化的"印记"。这些约束与控制，是通过许多相关学科与设计学的交叉所形成的交叉学科，如设计哲学、设计社会学、设计论理学、设计心理学、设计艺术学、设计工程学、设计创造学、设计符号学与设计经济学等，以设计原理的形式支配着设计、约束着设计。因此，任何设计都不是在设计学内部"自我完善"的建构行为，而是一个在各种文化要素控制与约束下寻求"妥协"的行动，所以，设计是"他律"而非"自律"的行为。上述交叉学科的科学形成与成熟，必然经历一个时期，而成为工业设计本体论的内容。此为设计本体论的结构问题，是另一个话题，这里不作赘述。

设计结果所导致的新的文化现象与文化成果，与设计被社会接受的程度相关。一个被社会广泛接受的设计，将创造出一种新的文化现象甚至文化成果，深深地影响着整个社会。汽车、电视、手机、洗衣机等产品的创造与广泛使用，它们的意义不是物的众多数量的存在，而是文明的提升与文明困境的存在、人的生存方式与发展方式的模式的确立等等。汽车文化的产生与发展，对人类文化的影响是当年汽车发明者所始料未及的，这从一个方面说明，设计师只具有感性思维是大大不够的，还必须具有足够的理性来判断自己的行为与结果对社会文化的影响。

4. 系统观。工业设计是在"人—物—环境"系统中，在系统最优化前提下的物的求解活动。因此物的设计是在"人—物—环境"系统中进行的设计，是在这一系统中的物的求解，而不是"人—物"系统中的求解，更不是"物"自身系统的求解。局限于产品自身内部的、封闭的"自我建构"的结果，是经不起人与环境的检验的。

把物的求解活动置于"系统最优化"的前提下，有着其深刻的哲学与人文意义：物作为一种工具与手段，作为人与环境的中介，是为实现人的目的服务的。人的某种目的的实现离不开一定环境的制约，因此这一种目的设置最终是在"人—物—环境"系统中完成的，并把该系统的"最优化"作为目的实现的评价体系。这样，物自身是否最优化，"人—物"系统是否最优化都不再是独立的评价物的设计的优劣标准。因为他们的最优化并不一定使"人—物—环境"系统最终达到最优化的结果。这就是系统论的基本思想。

工业设计引进系统论思想与方法，使工业设计从艺术造型的经验论、灵感论发展为可控的科学论与系统论。可以说，工业设计的一个重要特征就是运用系统论的观念、思想与方法进行物的求解，如此这样求解出的物，才能完成预设的目的。

设计系统观念的建立十分重要，它将设计从最初的以技术为主体的产品化设计及而后以人的需求为主体的商品化设计，提升为同时满足环境需求的生态设计，反映了设计发展的科学性。缺乏系统观的设计必然导致设计的异化与设计的堕落。

5. 创造观。无论从词源学角度，还是从人类文明发展史考察，设计与创造的概念始终紧紧地联系在一起。可以这样说，设计几乎就是创造的代名词！因为没有创造的设计根本就无法称之为设计，而只能称为复制与拷贝（copy）！

工业设计创造观的建立，有赖于对工业设计本质的理解。毫无疑问，产品表现形式的创造、产品操作方式的创造，都构成了工业设计"创造"的重要方面。但是，工业设计最本质的创造、对人的生存影响最大的创造，就是产品物质效用功能的创新与创造。

一般认为，产品物质效用功能的创造，应为相关学科工程师的职业范畴，工业设计师不应该而且也没有能力涉足。

创造，严格地说，分"创意"与"制造"两个阶段。"创意"的"思"与"制造"的"行"结合在一起，完成了一个从"思"到"行"、从"创造"、"设想"、"计划"到"制造"的过程。在一些领域，"创造"可以由一人完成全过程，如文学创作、绘画创作、书法创作与工艺美术品创作等。在这里，创作就是创造。在其他许多领域，由于"行"的技术的专业性，"创造"就分为"思"与"行"的两个行为。如雕塑作品就有可能严格地分为"创意"与"制造"两个部分：雕塑艺术品的"创意"稿与铸造厂的铸造成作品。又如在产品领域，"创意"与"制造"也是分离的，只不过当"创意"的成分更多集中在技术手段构思时，"创造"在人们的习惯认知中才是工程师们的"专利"。中国改革开放前几十年来的产品设计，基本上是以技术为主体的设计，由于种种原因被长期压抑的、对产品物质效用以外的所有其他功能的需求、在许可的社会条件下喷发出来时，以满足人的种种需求为目的商品设计以及在此基础上附加以环境约束所形成的生态设计中的不可或缺的"创意"，不幸而又有幸地成为现今社会中颇为陌生而又时尚的字眼。人的种种需求的满足，环境前提的约束，使得中国目前产品设计必须彻底抛弃几十年以来"技术手段选择→技术制造"单一的线性模式，而进入一个必须先对产品文化要素进行整合、重组、改造等空前复杂、相互交叉的"创意"阶段，然后才是制造阶段。现代社会产品创意的人文意识的深刻性、多学科交叉的复杂性，以及广泛存在普遍性，使得产品"创意"这一个"思"的行为，无法再是工程师们"兼任"的工作内容，而成为一种独具知识与能力结构的专业工作，科学地、历史地成为工业设计师不可推卸的责任。关于这一点。我们已经在前面的"人文观"部分中已作论述，这里不再重复。

因此，涉及"如何制造"的"怎么办"的问题固然重要，但在"怎么办"前面必须回答"造一个什么样的物"这一涉及产品的"创意"的问题更为重要。现代社会产品文化要素结构的复杂性与强烈的人文性，使得产品的"创意"成为产品设计中第一位的重要行为，它不仅决定着产品命运，更决定着人的生存状态。

从学理上说，工业设计是无法把这一点排除在自己的使命之外的。

长期以来，我们对工业设计的理解，一直定位在操作性、实践性学科的性质，即主要是"行"的学科。随着工业设计学科研究、教育的日益发展与深入，工业设计"思"的宽泛性与深刻性正在被逐渐地认识。上述关于人文观等五个方面的论述，也可以说是本人对工业设计学科的认知，应而成为本书在编写过程中尽可能使它们得到充分表达的主要内容。

"哲学始终是科学加诗"，工业设计也是如此。只有具有诗性的工业设计，才使我们的思维突破习惯的模式与世俗的困扰，插上创造、想象的翅膀，构想出最为人性的生存方式与文明图景；只有具有科学性的工业设计，才能审视我们的想象的可能性，并尽可能使之现实化。这里需要特别指出的是，"构想出最为人性的生存方式与文明图景"不仅仅依赖感性的想象，还需要理性的、科学的支撑。因为"最为人性"的标准必须依赖科学知识的理性认知。

"设计产品就是设计我们自己的人生"，粗看这句话，似乎把设计抬到了不应有的高度，过分夸大了设计的作用。但是，只要认真地、静静地思考一下，这一个逻辑转换还是相当简单的：现代人的一生，没有一分钟可以离开产品而生存——哪怕晚上的睡觉也离不开床！无论我们现在在工作还是休闲，所使用的一、两件（或者更多）产品，都是通过设计产生的。它们设计的成功与否，决定着此刻我们工作或休闲的效率和舒适，以及我们工作或休闲的心情……。也就是说，正是这几件产品的设计决定着此时此刻的我们工作或休闲的生存方式及质量！我们的人生就是由千千万万这样的人生"片段"编辑而成的人生"大戏"，我们一生所使用的产品的设计岂不是就决定着我们这一生的生存方式及生存质量？！尽管一个社会的生存方式、生存质量离不开种种社会、文化、政治、经济等等因素的影响，但人生"大戏"的方式及质量却无法离开"道具"设计的优良。因此，设计的主体价值不在于产品的构型是否时尚与赏心悦目，而在于产品使用者的生存方式与生存质量！

一般来说，一个学科的导论是关于这个学科的研究对象、研究方法、历史发展等概貌式的介绍，是了解一个学科、进入一个学科的"导"引之"论"。但本"导论"却有着较大的差异，在工业设计的对象、工业设计的原则、工业设计的本质、工业设计的特征、工业设计的评价体系都做了较为详细的阐述。还涉及工业设计本体论、工业设计创造论、工业设计文化论、工业设计系统论等部分内容。这样做的目的，就是让阅读本"导论"的读者在理解工业设计时，有一个较为系统的、完整的、准确的概念。当然，实际上有没有做到这一点，则有待于读者的评判。

许喜华
2013 年 7 月

目录
CONTENTS

工业设计导论
Introduction to Industrial Design

第1章

工业设计概述

1.1　设计·生活·文化

我们生活在一个被设计了的世界中。

在我们这个一切都被设计了的世界中，小至一支铅笔、圆珠笔，大至一座建筑、一个城市的规划；简单如一双筷子，复杂如一架航天飞机，都反映了人类的智慧与文明。另一面，他们又以种种直接的方式渗透进人们的生活、工作、休闲与交往，人们又不得不受到这些人类自身创造物的所有影响。

优良的设计，使人们貌似平淡的生活更有诗意，更加美丽，对生活充满信心；低劣的设计，不仅不能提高我们的生活质量与生活水平，可能还会给我们带来灾难与不幸。因此，设计作为人类一种最普遍、而又最能表征人类特征的创造性活动，就成为人类社会一种最广泛的文化现象、文化活动与文化成果。

今天，设计以人类空前的普及性，渗透进人类所有的活动领域，也开拓着人类的生存空间。

人类创造活动最初始的领域，就是一个物质的世界。任何一种物质性的设计活动，都导致了一种产品的改造与进步、或一个新产品的产生。它们的直接效果就是导致人的生存活动效率的提升。从人类的祖先对一个石块进行改造，使之一侧产生稍薄的结构以便更有效地砍削他物的时候起，设计的行为就已经出现了。就是这种当时并未有设计概念的设计行为，将他提升到能制作工具的人的地位。

我们生活的城市、居住的房屋、生产活动使用的各种工具与设备，日常生活中的日用品与服装，这些物质性产品的创造都是人类自身创造活动的表征，都是智慧与文明的证明，当然，它们也都是设计活动的成果。失去这些物质性设计的成果，人类将无法生存在这一个世界。虽然，我们的祖先是从原始状态下开始它的文明之旅的，但是，今天的人类却不可能以文明"归零"的方式重建文明大厦。实际上，不仅不存在这种文化"归零"的事实可能，而且在理论上也难以证明这种逻辑关系的存在。因此，今天的设计就是建筑在一定生活与文化基础上的创造行为，它既包含着对今天生活与文化的继承，又有着对明天生活与文化的希望。设计是与生活、文化密切相关的行为与结果。

这个被设计的世界显然也不只是一个单纯的物质性客体世界，它已经超越物质性的范畴，而走向一个融物质性与非物质性、物质形式与非物质形式于一体的新的更宽泛的客体世界。在这一个世界中，既有着物质性的产品，也有着非物质性产品。特别是近些年正在发展的数字化技术，给当代大量的非物质化产品的诞生与普及提供了技术基础，如各类软件产品等。而对一个产品来说，除了其物质性功能之外，还存在着人对产品所具有的形式感的心理反映——精神性功能。由于现代社会产品种类与数量的急速增加，这种精神性功能对人的作用也就越来越大。于是设计对象的精神性功能正成为现代设计的一个重要因素，受到了空前的重视、研究与利用。

由种种产品所组建起来的人类的生存环境与新世界，被学者们称为"第二自然"。这个新世界的强大的精神力量，影响着人们的心理：或是愉悦的审美享受，或是烦恼的精神压力，无论是哪一种心理感受，都在每时每刻地改变着我们的心理结构，形成人类自身精神性的文化结构。

人类就是这样，一方面出于生存与发展的目的，改造着周围的自然世界使之符合自身的需求；同时，另一方面，却在"不经意"间又改造、提升着自身的生物性结构与精神性结构。通过改造客体又改造主体的内外改造与提升，人类终于成为既创造着客体的文化世界、又创造自己的主体的文化世界的特殊生灵。

随着设计活动和设计产品在当代社会经济和文化范畴中重要性的突显，人类的设计活动所创造的产品已成为具有重要的文化意义的文化表现形式。正如约翰·A·沃克所认为："很明显，设计是人类文化的一个方面。正是这个原因，它可以合法性地被当作文化研究中的主体事件的部分。"❶

因此，对设计活动和设计产品的理解，就不能仅仅局限于设计产品的物质层面和形式层面，还必须把它们置于人类的整个文化系统中进行理解，阐释设计活动和设计产品在人类文化系统中对人类的生存与发展活动所产生的意义。正是这一点，使人类的设计活动、设计成果与文化紧紧地结合在一起。这一种结合并非是捏合与组合，而是双方互为前提地交融在一起：设计活动与设计成果既是人类文化的产物、是人类文明的表征，但又是人类下一步设计活动的前提与条件。

一般地认为，设计是赋予物质性产品以新的形式与秩序的行为，也可从设计的成果——产品身上强烈地感受到这一点：正是因为设计，才导致产品产生了如此多姿多彩的形式，给不同的审美需求提供了选择的可能。正是这一点，才使这个现代设计姗姗来迟的社会对设计的理解，首先停留、甚至仅仅停留在造型设计的意义上的重要原因之一。至于设计导致产生的产品的物质效用功能对于人及社会生活方式的影响，设计导致产生的产品新的操作方式对人的行为方式的影响，则无法在短短的几秒钟、几分钟内通过视觉的这种形式审美的方式予以体会及理解。产品在这两大方面对人对社会的影响，只有通过几个小时、几天、几个月，甚至几年的使用，才能由于累积效应而反映出来。因此，对设计本质的理解，并不是仅仅记住像"设计的定义"这类简单的语句所能解决的。设计的成果确实有"静态的观照"这种形式审美的文化意义，但更有建筑在产品功能对人的生存与发展的方式、产品操作方式对人的行为方式的影响等对产品的"动态的体验"上的深层的内蕴的文化意义。前者是视觉的、直观的、形式的，后者则是感受性的、综合的、内在的。在某种意义上，正是后者，对人与社会的生存方式产生了更大的影响，因而更具文化的意义。这一点，也会在后面的章节中予以论述。

因此，产品设计的全部意义，由于产品物质性形式的视觉直观化、触觉直接化，其形式审美的文化意义被突显出来，而与人的生存方式紧紧相连，反映了设计更广泛、更深刻意义的产品物质效用功能及使用方式则由于其体验性、感悟性与整合性的内在特征，被深深地屏蔽在形式审美这层文化意义的后边，难以被人们所直接、快速地体会。这正是难以迅速地、深刻地、真正地理解与

---

❶ John A. Walker. Design History and the History of Design. London, 1989: 18.

体会设计的本质、设计的意义的主要原因。

虽然，产品设计"赋予物质性形式与秩序"不仅遵循着人的形式审美的原则，而且还必须具备准确反映产品内在品质与特征的设计符号学"语言"意义。正是后者，规定并赋予了前者以设计方向与内容，使"形式与秩序"不再是随心所欲的形式与秩序。如电视机，其物质性的"形式与秩序"不是随心所欲状态下的，如熊猫、如植物、如花朵般的形式，而必须与电视的声、像传播功能特征相关联。即使这样，产品形式也仅仅是"反映"内在品质与特征而已，而非"具备"。产品巨大的文化意义在于它的"具备"而对人对社会产生的影响。今天的电视机以它那极其简便的操作方式，瞬间即在人们的眼前呈现天下大事、人文地理、社会生活、电影戏剧，以及身临其境般的感受，对照电视没有进入人们生活的时代，难道不引起人们的震撼吗？电视对今天社会的影响，已经大大地改变了今天人们的生活方式，它对今天的生活意义来说，是一天也无法缺乏的。因此说，电视机的外观形式审美意义无论如何也不会超过电视机内在"具备"的这些特征对人、对社会的巨大生活意义。

英国著名文化学者雷蒙·威廉斯把文化看作是一种"特定的生活方式"，这样就在理论上把设计活动与设计成果和文化紧紧地联系在一起，并且在理论上指出设计在人类生活方式中的价值和意义，从而极大地拓展文化的意义和内涵，使设计与生活、设计与文化几乎构成一个同义的概念。事实上，设计与生活及文化的密切关系也验证了这一点。

在以往的文化观念中，一直认为，只有那些观念形态的思想、艺术作品及艺术体系才是构成文化的东西。确实，可以从伟大的思想家和艺术家所创造的作品中阅读和体验到某种具有普遍性的意义，这些作品确实体现了一种具有人类普遍性的价值，人类也确实需要这些作品来探讨人类社会和生命存在中的需要的某种普遍性的东西。但是，对于生活中的人们来说，人类所创造的那些物质化产品与非物质化产品同样属于文化的范畴。它们不仅是一种物质性的存在，而且也是文化性的存在。精神性的文化传统影响着一个民族的政治制度、思想、观念、思维方式和行为方式，这是文化中的精神意识方面。同时，同样不能否认，一个民族创造出来的产品，如城市、建筑、家用电器、工程设备、交通工具、日用品、服装和家具等，它们也都是通过人的有意识的设计才得以制造出来。它们不仅体现出特定的政治、经济、文化和审美观念，而且也反映着、规定着人们的生活方式与行为方式。

因此，设计、生活、文化三者的逻辑关联就这样建立起来了：设计既是生活的反映，又规定着生活的方式；一个民族特有的全部的生活方式就是这个民族的文化。而文化不是虚无的概念，它确确切切地反映在生活中的每一个领域，社会发展的每一个历史时刻，同样也反映在任何一个物化与非物化的产品中。因此，设计就是设计生活，生活是设计的结果与必然。设计是文化的具体生存状态，也是文化的价值体系与价值表现。

设计，是实实在在的文化创造活动。它以自己的特殊语言，创造出可感的形式及与人亲密的关系结构，传递着自己的价值取向。它比以往观念中高雅文化（如文艺作品）更普及，包围在现代社会人们的四周，被"携带"在每个人身上，使每个人无不时时处处陷于文化之中。现代社会中，要想逃离由设计建构起来的文明世界已是不可能的了。

1.2 设计的概念

在今天的日常生活与社会生活中，"设计"一词的使用频率可以与"生活"、"社会"、"文化"等词并齐。这说明，设计已经渗透进生活、社会，成为当今文化结构中的一个重要部分。

现代社会正处于一个设计飞速发展的时代，不但艺术家与工程师在使用"设计"这一个词语，政府机构官员、公务员、企业家、金融从业人员以及大大小小的商场超市也在频繁地使用着"设计"。这说明，设计，在过去被视为只有与艺术家及工程师等结缘的这一字眼，现在正在或已经进入各种学科、各个领域及各种场所。设计正在以中国历史上从未有过的景象，大踏步地进入人们的生活、社会与文化领域，正在创造着各行各业的新的文明景象。

但是，正像人们所使用的许多概念并没有明确定义一样，设计，至今也没有一个公认的确定性的定义。尽管人们对什么是设计没有一个统一的学术性定义，但并不妨碍在生存活动中使用它并应用它。而且也明确，设计是一种包括着一定创造意识的创造活动，否则，就不认为是"设计"。比如设计一个产品，就意味着这一个产品诞生后必然有不同于已往产品的新颖内容，否则，就是"重复"生产，就是"模仿"，就是"拷贝"（copy）。因此，"设计"一词中本身就蕴含着的创造因素是不应该被忽视的。

从一般的意义上来说，人类的祖先开始石器工具的制造，设计就产生了。

今天，在日常生活中，常使用"设计"这个词来表达"动脑筋"、"想办法"和"找窍门"等意。随着"设计"使用的普遍性及内涵的不断扩大，"设计"概念的界限日益模糊，以致"设计"进入艺术、工程技术、政治、经济、金融、法律、商业、制造技术等社会各个领域。这就使设计的概念、设计特征由于对象的复杂性、多元性而模糊不清，使人们只能领会其意而缺乏准确而科学的界定。为使对"设计"有一个较为完整的理解，观察并回顾"设计"这一个词的历史性变迁及发展是很有必要的。

Chapter
1

Chapter
2

Chapter
3

Chapter
4

Chapter
5

Chapter
6

Chapter
7

在《现代汉语词典》中，"设计"解释为："在正式做某项工作之前，根据一定的目的和需求，预先制订方法图样等"。结合在社会生活中的应用，"设计"的概念有：

① 表示设计这一活动的结果，如"这个设计很好"。它可以是工程图、平面图、效果图，也可以是模型、样机甚至生产出的产品。这时设计呈现为一种结果特征的表现。

② 表示设计这一动作的过程，如"我正在设计"。英文中与中文"设计"对应的词是"design"。"design"一般译成"图案"较多，即指"将计划表现为符号，在一定的意图前提下进行归纳。"如果细分的话，"design"还因开头字母的大写与小写而含义略有差异：大写字母开头的"Design"相当于"意匠"，而小写字母打头的"design"则译为"图案"。在中国，"意匠"一词最早源于晋代，唐代著名诗人杜甫有诗句："诏谓将军拂绢素，意匠惨淡经营中"。晋代陆机则有"意司契而为匠"。契指图案，匠为工匠，都有诗文或绘画等精心构思的意思。在近现代，"意匠"一词的使用较少，直至20世纪80年代左右，现代设计在中国开始得到发展，意匠一词的使用就稍见频繁。

图案的解释虽有构思、计划含义，但在中国，图案普遍被人们理解为装饰纹样，是一种平面的、具体的、实际形象性的指称，容易联想到装饰在产品表面的各种纹样。意匠的解释稍有立体感，也稍有针对一个事物的创造，有规划、构思之意，是一种立体的、较概括的、概念性的指称。

15世纪前后，design曾定义为："以线条的手段来具体说明那些早先在人的心中有所构思，后经想象力使其成形，并可借助熟练的技巧使其显现的事物"，实际上，这正是指图案的意思。它主要表示为艺术家心中的创作意念，并通过"草图"予以具体化、形象化。到了19世纪，无论是精心制作的工艺美术品，还是大量生产的产品，都对产品的外表进行图案的装饰美化，这是当时design的主要内容。所以当时的设计家实际上是一个典型的装饰图案或花样设计家。

20世纪初期（准确地说是二三十年代左右），由于科学技术的发展，更主要的是机械化生产的发展，使得设计的中心内容不再是装饰与图案，而是逐步转向对产品的材质、结构、功能及形式美等要素进行规划与整合，这一个改变是设计思想与设计观念的一个重大革命，是设计发展史上的一个重要转折，设计开始进入现代设计的阶段。

现代设计的概念，既是一个时间概念，又是一个设计形态的概念。

所谓现代设计的时间概念，是指设计发展到20世纪初期，设计内容与设计概念产生了重大变化，并在德国包豪斯（Bauhaus）时期达到第一个高潮。在第二次世界大战结束后迅速发展，直至今日，以空前的广度与深度，进入现代社会的各个领域与人们生活的各个方面。

所谓现代设计的形态概念，则是指不同于传统工艺美术和 19 世纪前手工业设计的设计思想与设计观念，因而形成了与以前的设计有着质的差异的一个崭新的设计新形态。

19 世纪前所形成的一个较为完整的设计观念，其本质是艺术设计中的图案的概念，其内容基本上是对产品表面进行平面与立体的装饰。通过平面与立体的纹样与花样装饰，创造出产品的形式美感。而现代设计的本质是整合产品的多种构成要素，使之全方位地满足人对产品的需求（而不仅仅是审美需求）。也就是把公众的消费需求与大批量生产方式相结合，综合社会、文化、生理、心理、经济、技术与艺术审美的各个要素来求解设计目标，力求使得人们的生存与发展不仅可能，而且更加舒适、快乐，更有价值。因此，现代设计这种设计性质，已是很难用"图案"来予以表达与概括了。

进入现代设计观念以后，"design"的概念及其语义开始突破美术和纯艺术概念的范畴而趋于宽泛，其概念如英国《韦伯斯特大词典》对"design"的解释：

（1）作为动词解释

  ① 在头脑中想象和计划；

  ② 谋划；

  ③ 创造独特的功能；

  ④ 为达到预期目标而创造、规划、计算；

  ⑤ 用商标、符号等表示；

  ⑥ 对物体和景物的描绘、素描；

  ⑦ 设计及计划零件的形状和配置等。

（2）作为名词解释

  ① 针对某一目的在头脑中形成的计划；

  ② 对将要进行的工作预先根据其特征制作的模型；

  ③ 文学、戏剧构成要素所组成的概略轮廓；

  ④ 音乐作品的构成和基本骨架；

  ⑤ 音乐作品、机械及其他人造物各要素的有机组合；

  ⑥ 艺术创作中的线、局部、外形、细部等在视觉上的相互关系；

  ⑦ 样式、纹饰等。

维克特·帕佩纳克在《为真实世界而设计》一书中，从这些方面对设计活动进行描述：

设计是一种赋予秩序的行为；

设计是一种具有意识意向性行为；

设计是一种组织安排的行为；

设计是一种富有意义的行为；

设计是一种以功能为目的行为。

1974年版的《简明不列颠百科全书》对"design"又有了更明确更全面的解释。在这个解释中，"design"语义的核心强调了是为实现一定的目的而进行的设想、计划和方案。这样不仅设计的范畴扩展到一切创造性的、为相关目的而进行的物质生产，如人造物的领域；也包括文学、艺术等的精神生产领域，甚至包括经济规划、科学技术发展的前景、国家大政方针等各方面的决策和方案等。一切为了一定目的而进行设想、规划、计划、安排、布置、筹划、策划的行为都可定义为"设计"，正如赫伯特·西蒙所说："凡是以将现存情形改变成向望情形为目标而构想行动方案的人都在搞设计。"

因此，现代设计的概念是指综合社会的、经济的、技术的、文化的、生理的、心理的与艺术的等各种因素，并纳入批量化的大工业生产轨道，在"人—设计目标—环境"系统中，在系统效益最大化前提下，针对设计目标的求解活动。

从另一个角度理解，现代设计也可以是一种按照某种目的进行有秩序、有条理的创造活动，使设计结果在"人—设计目标—环境"系统中达到最优化。

现代设计创造的价值已经大大突破现代设计以前的、以装饰为主要目标的注重形式审美创造的设计概念，而进入人的生命价值与文化价值创造。从这一点上来说，现代设计在人类设计发展史上是一个质的变化与飞跃，是人类对自己这一创造活动的进一步深刻领悟与深化。

现代设计的产生并不是某一伟人思维兴之所至，而是缘于大工业生产的兴起。大工业生产的出现，使产品的生产方式发生了质的变化：即单件的手工业生产进入到标准化、规格化、批量化的机器生产。这种生产方式的历史性变革，引发了产品设计的方式、程序、内容乃至设计的目标的重大变化。可以说，现代设计产生的唯一导火线，就是代替手工业生产的批量化大工业生产的出现。

现代设计自产生后，随着社会的不断进步、科学技术的飞速发展、文化观念的不断变迁，处在不断的变革与历史演进中，渐渐发展为一种以系统论为指导思想、以人的生命价值与文化价值创造为总体目标的现代设计新概念。

在本书中，除非有特别的说明，提到的设计通常指的就是现代设计。

1.3 设计的分类

人类的所有设计行为可以大致归纳为如图1-1的领域。

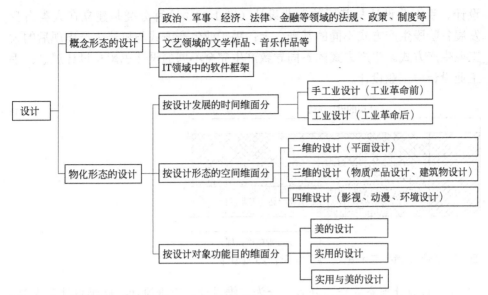

图 1-1　设计的领域

　　人类所有的设计行为可以被归纳在概念形态设计与物化形态设计二大类中。

　　概念形态的设计，指设计对象的形态是概念化的而非物态化的。概念形态存在于每个人的思维中，是只可意识而不可视见的形态，如政治、军事、经济、文化、金融、法律等领域中的体制、制度、计划、法令、法规与政策等，文学作品中所描述的人物、事物、场景等。IT 领域中的各种软件的框架与层次的结构等。

　　文学作品中的人物形象，最能说明概念形态的特征。《红楼梦》中的人物，特别是宝、黛二人，通过作品的阅读，每一个读者都能在自己的大脑中建立起属于自己的林黛玉与贾宝玉的形象。不同的读者由于每个人的主观与客观多种的原因，在自己大脑中建构起来的人物形象是不一样的。因为小说中人物形象是思维想象的结果。正如"有一千个读者就有一千个哈姆雷特"，一千个读者也有一千个林黛玉与贾宝玉。但是又由于文学作品中文字描述的一元性，以及同一个民族所具有较一致的生活文化背景，人物的形象又具有基本特征的同一性。因此每一个读者在自己脑中建构起的林黛玉与贾宝玉形象，应该说都具有较为统一的主要特征，但却存在着千变万化的细节特征。扮演宝、黛二人的影视演员其实是作为一种符号，以外形特征与表演特征尽可能接近却永远无法等同于文学作品中所描写的人物特征，尽可能接近导演对人物的理解。

　　物化形态是指可视、可触摸的人为形态，至少是可视的人为形态。因此是二维与三维的物化形态。它包括平面的、立体的人为形态。

　　物化形态按不同的维面类别可有三种分类方法。

　　① 按时间维面分类　即是按设计发展史，可分为 20 世纪初之前的艺术品

设计、手工业设计与其后的工业设计（图1-2）。这种分类是建立在人类自身发展各阶段生产方式不同的基础之上：手工业生产方式与机器生产出现后的大工业生产方式。生产方式的不同导致产生完全不同的设计思想与设计观念：手工业设计与工业设计。

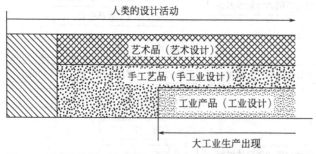

图1-2　设计的分解：艺术设计、手工业设计与工业设计

② 按设计形态的维面分类　分为二维设计、三维设计与四维设计三大类。二维的设计，指平面设计，也是一般称之为视觉传达设计。

"视觉传达设计"一词产生于20世纪20年代，正式形成于60年代。由英文 visual communication design 翻译而来。视觉传达设计是人与人之间实现信息传播的信号、符号的设计。是一种以平面为主的造型活动。

三维的设计，指有三维结构形态的设计，如产品设计、建筑设计等。

产品设计（Production Design）是人类为了自身的生存与发展，在与大自然发生关系时所必需的、以立体的工业品对主要对象的设计活动。产品是人类基于某种目的、有意识地改造自然、或突破自然的限制而创造的种种工具与用品。

建筑设计可分为建筑物设计与建筑群设计两大类。建筑物设计是三维的设计，而建筑群的设计则属于四维设计的范畴。建筑物设计在本质上是供人们居住的特殊的产品设计。

四维的设计，是在三维形态的基础上，加上时间（t）维度而构成的四维结构形态，如环境设计、影视与动漫设计。

环境设计（Environment Design）是以整个社会和人类为基础，以大自然空间为中心的设计，也称空间设计，是自然与社会间的物质媒介。

三维设计基础上加上时间维度的设计不同于三维的立体设计。立体设计的重点是三维产品（包括建筑物）的特征设计。而四维设计则是由于时间维度的加入而产生动态的情感感受，这是四维设计的特征。如建筑群的设计则不仅要考虑单一建筑物的设计，还必须考虑建筑物之间的组合形式，使之当人们在对众多建筑物的体验由于组合方式的不同而产生不同的情感变化。即当人按时间的先后，依次体验多幢建筑物给人的感受时，将会产生由于时间累积而形成对建筑群的感受，如同由于时间维度而形成的由音符组成的音乐作品与乐章一样。如把每一个建筑物看作一个个不同的音符，那么，建筑物之间的组合方式就如同不同的音符组合而形成不同的乐章一样。不同的乐章表达的情感是不同的，但它们的组合的单元（音符）却是相同的。

影视作品、动漫作品、人物、场景、事件由于时间维度的加入，不仅形成了动态的视觉效果，同时也发展为一个情节、一个故事，给人以强烈的情绪感受。当然，影视动漫，还必须有其他要素如听觉的加入：音响、音乐、语言等。因此，影视作品必然是多维度的形态设计。

③ 按功能目的维面分类　物化形态可分成纯粹美的设计、实用的设计及实用与美的设计三大类（图1-3）。

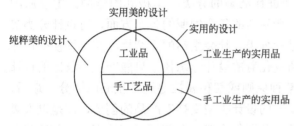

图1-3　物化形态设计按功能目的维面的分类

纯粹美的设计，是指艺术作品的设计，如美术、书法、金石、雕塑、影视、摄影、各类美术工艺品等。

实用的设计是指完全属于工程技术领域内物与物之间关系的设计，一般意义上所指的工程技术就属此类。

实用与美的设计指那些既有实用的需求又必须有美的需求的设计。可以说，这一类是包括范畴最广的设计。

这三种类型的设计，在某种意义上说，仅是实用而无须美的设计对象范畴是较小的，而且是越来越少。机器结构中的零件、部件均属于这一类中的典型。由于它们是处于产品的内部，又必须达到零件与零件、部件与部件间特定组合的目的关系，他们只能按自己的功能目标来决定形状，无法按照美的要求改变形态而最终导致功能的破坏。

纯粹美的设计，即艺术品的设计，因为属于精神上的审美功用设计，它们在现代社会中仍然不断发展着。艺术品的设计随着社会的发展将向着两个方向发展：一方面，为人精神审美服务的艺术将不断发展，不断满足日益发展的精神需求，因为随着社会的发展，竞争的压力愈大，服务于精神解放的审美需求将日益增大。另一方面，艺术品向大众化实用化发展，人类的未来，所有物品都应具有审美的功能，实现人类艺术化生存的最终目的。

实用美的设计，应该说是日常生活中的常见的活动。实用美设计的产品将构成人类生存环境的"第二自然"。从理论来说，凡是构成人的生存环境的任何一个人工物，在实用的基础上，都必须有美的品质，以满足实用和审美的需求。不要说家用电器与日用品，就是矿山机械、水库，甚至武器，在它们充分保证各自的实用功能的前提下，有什么理由可以拒绝它们同时又是美的事物，给人以美的享受？

物化形态设计的分类，是从不同的角度进行的分类，因此，它们之间是交叉的。采用不同的分类方法，目的是比较不同设计间的特征。

如按时间维面分类中的工业设计就包括了按形态的空间维面分类中的除影视、动漫外的所有设计；按功能维面分类中的实用与美的设计就属于工业设计的范畴，而美的设计与实用的设计就不属于现代设计的范畴。

严格来说，对人类设计活动进行准确的分类，是极其困难的。主要原因是，首先，设计已渗透到现代社会生活的各个领域的各个方面，对设计分类实质上意味着对社会生活及行业进行分类。社会生活的复杂性、交叉性使得设计的分类有矛盾之处。其次，不断变化着的设计形态体系只能产生不稳定的设计分类。我们只能以某一角度或某种原则或某种属性等进行粗略的区分。最后，人类今天的设计，不是以某种单一的设计类型支持着产品的创造，而是以人类迄今为止所掌握的全部设计智慧，共同创造着一个前所未有的事物，创造着人类的一切文明。因此，从某种意义上说，过多强调设计的分类对设计目的论来说，不具有太大的意义，而只具设计方法论的意义。

图 1-4　日本本田公司的 ASIMO 机器人（高级步行智能人性化机器人）

图 1-4 是日本本田公司的 ASIMO（高级步行智能人性化机器人）在走路的情景。旁边的小姑娘与人工制作的机器人互动，构成了人类实际生活中的一个奇特的场景。ASIMO 是一个紧凑型的（1.2m 高）、轻巧（52kg）、具有智

能的、完全自动化的小机器人，它拥有人类行动的特点，能够在生活和工作的环境中完全自由行动。自然运用它的整体传感器、回转仪、伺服系统、电源供应和计算机系统，ASIMO 能够进行灵活地行走，改变方向并对突然出现的周围移动物或障碍物进行特定的反应，这种叫做"我－走路"的运动方式是 ASIMO 模仿人类走路的最佳写照。ASIMO 能够对移动进行预测，这使得它在转弯的时候能够像人一样通过预测重力转移的情况以及身体躯干的动作，把身体的重量转移到自身的某一点上。平滑而灵活地移动是机器人能否被人类接受的关键因素，而这比机器人的自动化要重要得多。

ASIMO 拥有身体躯干、臂和手的功能，并能模仿人类非常微妙的身体语言，这对无曲解、无冒犯及无威胁性的有效交互与沟通行为非常关键。它通过一个无线连接的工作站或者一台膝上型电脑进行控制，能够通过编程来执行复杂的指令，并能够开发出很多潜在的功能，比如可以进行夜间安全巡视、在公司办公室或博物馆里迎接和陪伴客人（在日本的 IBM 博物馆就用 ASIMO 机器人来接待客人），甚至可以操纵电梯等其他简单的机械装置。

ASIMO 的外形是刻意设计的——它的小巧造型和有意降低的身高尺寸使它在办公室或家里给人一种非常乖巧、温良听话的感觉，但这种高度也非常适合能够触摸到开关和门把手，也足够在桌椅边工作，当人坐着的时候，ASIMO 的高度正好能跟人的视线平齐。它对人类行为的成功模仿使得人们开始相信梦想的力量，并不断地追逐梦想（图 1-5）。

ASIMO 几乎汇集与综合了人类所有的设计智慧与设计才能。在它的创造过程中，设计的交融保证了设计目的的实现。

图 1-5 本田总裁兼 CEO 福井五郎和 ASIMO 在一起对话

实际上，任何的分类方法都存在着不同的优点与缺点。解决这一问题的最好方法就是掌握每一类设计的特征，而不必过分地注意它究竟属于哪一类设计。设计的分类不是解决设计认知的关键问题，对设计本质的理解乃是学习设计的关键，它也将有助于对设计分类的理解。

本书讨论的重点是三维设计中的产品设计。

1.4 工业设计概述

1.4.1 工业设计的形态

现代设计的产生是源于大工业生产的出现。

大工业生产的出现，首先是迅速提升了产品的生产效率，满足了市场对各类工业产品的迫切需求，同样也刺激了社会生活节奏的加快，因而促进了现代社会文化的极大变化。这些都促使传统设计思想与观念的转变。特别是批量化的大工业生产，促使设计从生产过程中分离出来成为一个独立的工作程序与职业，传统设计的产品在大工业生产面前遭遇到了诸多难题。这一切都催生了完全有别于传统设计的现代设计思想与观念。

严格地说，现代设计的产生是以工业设计的诞生为标志的。设计史上往往把德国包豪斯的出现视为工业设计的诞生，也被认为是现代设计的开始。因此，现代设计与工业设计二词的使用往往存在着交叉性，以至一提到工业设计，就可能往往理解为现代设计；一提到现代设计，首先就想到工业设计。

"工业设计"（Industrial Design）一词最早出现在 20 世纪初的美国，二次大战后广为流行。工业设计是对应于大工业生产产品的设计而产生。由于工业化生产方式的不断发展，工业生产逐步渗透到各种产品的生产领域。因此，工业设计的广泛性以及与社会公众联系的密切性大大地提升，以致日益成为现代设计的代名词。英国设计史家爱德华·卢谢 - 史密斯（Edward Lucie-Smith）在他的专著《工业设计史》中说："工业设计本身可以涉及从茶杯到喷气式飞机每样东西"，"20 世纪的工业设计师被视作公众兴趣的监护人，一个负责引导固执的群众走向开明状态的人。" ❶

1.4.1.1 广义的工业设计与狭义的工业设计

"工业设计"在今天已成为国际的通用词。各国工业设计的含义及涉及领域都不尽相同，这就使得工业设计的概念有着广义与狭义之分。

广义的工业设计包括视觉传达设计、产品设计与环境设计三大领域（图 1-6）。

---

❶ Edward Lucie-Smith. A History of Industrial Design. Oxford: Phaidon Press Limited, 1983: 7.

也有一些国家仅将工业产品的设计作为工业设计的内容，这就是所谓的狭义的工业设计。

在人的生存活动中，人、社会、自然共同构成了人类生存的环境系统。在这一个系统中，人与社会、人与自然、社会与自然分别构成了特定的关系，并因此产生了处理这些关系所必要的装备：人与自然关系的工具装备、人与社会关系的精神装备和社会与自然关系的环境装备。对应于这些装备的设计就是产品设计、视觉传达设计及环境设计。

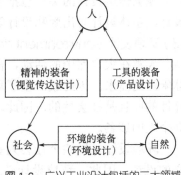

图1-6　广义工业设计包括的三大领域

1.4.1.2　装备设计的涵义

（1）产品设计（product design）

人类为了联系大自然，"对话"大自然，在工具的世界中创造了多种产品。人类通过这些产品在与大自然的"对话"中，放大了自己体力、能力与技巧，使自己的四肢不再直接充当工具与自然"对话"，这种工具装备对于人类生存来说是必不可少的。

产品设计是人为了自身的生存与发展而在与大自然展开的"对话"中发展出来的、以立体工业品为主要对象的设计活动，是追求产品功能与价值的重要领域，是人与大自然唯一的中介。

产品设计的本质可以表述为：人类通过创造出自我本体以外的产品，满足自己某一特定的需求，这些产品所形成的人类的"第二自然"，将创造更合理的生存方式，提升生存质量。

（2）视觉传达设计（visual communication design）

人类在联系大自然的过程，必须依靠人与人合作，必须有尽可能多的人团结起来与自然抗争，向自然索取，于是人与人之间需要沟通与理解，便在传递的世界中创造了符号；在人与人之间由于利益的关系而产生纠纷、争斗，必须予以平息，这也需要符号的帮助。于是人与人的关系形成社会。人与社会、人与人只有通过符号的传达，才能达到彼此的理解。

视觉传达设计是通过视觉在人与人之间实现信息传播的信号、符号的设计，是一种以平面为主的设计活动。

具体地说，许多事物（包括产品）凭借大小、色彩、形状、材质、肌理等具有视觉符号意义的形式，作为传达的内容，依靠相应的媒体来达到由个人向个人、由个人向团体、由团体向团体传递信息的目的。

据统计，人类的信息83％来自视觉，11％来自听觉，其余6％来自其他感觉器官。由此可见，视觉的信息传达的重要性。

视觉传达是通过标志、字体、图形、象征符号等组成传递内容，以招贴、电视、杂志、广告等传达媒体向传达受众进行传播。

视觉传达设计的类型包括平面设计（书籍装帧设计、标志设计、平面广告设计、字体设计与出版物设计等）、包装设计与展示设计。

（3）环境设计（environment design）

人类在大自然中的活动，需要有特定的空间满足自己居住、工作、集会与休闲等的需求，因此就产生了环境设计的需求，但是这种环境的需求不仅是个体性的而且是社会性的。因此，环境设计是社会与自然间关系产生的装备，而非个人的装备。

环境设计是以整个社会为基础、以大自然空间中人类生存活动的场所为中心的设计。因此，环境设计必须满足社会对这些空间场所的需求：生活需求、睡眠需求、学习工作需求、休闲需求，乃至交往需求等。

环境设计的范围较为宽泛，包括建筑设计、建筑群设计、室内环境设计、城市规划设计、园林设计等。

日本学者川登添在其著作《什么是产品设计》中，曾有过这样一段生动的描述："人类置身于大自然中，在逐渐脱离自然的过程中，产生了两种矛盾。第一种矛盾是人类不在乎自己是大自然的一分子，而勇敢地向大自然挑战；第二种矛盾则在于人类一个人孤单地出生，又一个人孤单地死去，却无法一个人独自生存。为了克服第一种矛盾，人类创造了工具；为了解决第二种矛盾，人类发明了语言。"

这一段话精彩而生动地描述了设计的涵义。

在我国，由于经济体制的原因，真正意义上的产品设计直到 20 世纪 80 年代才开始，而环境设计与视觉传达设计的领域涉及的学科，如建筑设计、装潢设计、广告设计、包装设计等早已存在。因此，姗姗来迟的中国工业设计不可能采用工业化开始较早的国家普遍采用的广义概念而采用狭义的概念。因而在国内，工业设计已成为产品设计的代名词。

1.4.2　工业设计的定义

与"设计"概念不同的是，工业设计在不同的国家、不同的时期有着不同的定义。也就是说，工业设计的定义是动态发展着的。这主要的原因有：一是工业设计在世界各国有着不甚相同的理解；二是由于科学技术的不断进步与社会的发展，文化、经济等对设计的影响越来越大，工业设计在其内涵上不断地更新、充实，领域也不断地扩大；三是人们对设计意义的理解越来越深刻。

这样，工业设计就不像一般的学科那样具有自己统一、肯定、清晰的学科范畴与研究对象，这就成为这一个学科的全貌与本质难以一下子被人们完全把握的主要原因。

因此，对工业设计的真正理解就不能仅仅建筑在了解定义这一点上，还必须了解设计史、不同时期的工业设计定义及工业设计的发展与变化。下面略举一些不同时期的工业设计的定义，以便大家初步建立起工业设计的概念。

（1）1954 年在布鲁塞尔举办的工业设计教育研讨会上所作的定义

"工业设计是一种创造性活动，旨在确定工业产品的外形质量。虽然外形质量也包括外观特征，但主要指同时考虑生产者和使用者利益的结构和功能关系。这种关系把一个系统转变为均衡的整体。

同时，工业设计包括工业生产所需的人类环境的一切方面。" ❶

（2）1980 年国际工业设计协会理事会（International Council of Industrial Design，ICSID）第十一次年会对工业设计的定义

"就批量生产的工业产品而言，凭借训练、技术知识、经验及视觉感受而赋予材料、结构、构造、形态、色彩、表面加工及装饰、新的品质和规格，叫工业设计。根据当时的具体情况，工业设计师应在上述工业产品全部侧面或其中几个方面进行工作，而且，当需要工业设计师对包装、宣传、展示、市场开发等问题的解决付出自己的技术知识和经验以及视觉评价能力时，这也属于工业设计的范畴。" ❷

（3）美国工业设计师协会（Industrial Design Society of America，IDSA）的定义

"工业设计是一项专门的服务性工作，为使用者和生产者双方的利益而对产品和产品系列的外形、功能和使用价值进行优选。

这种服务性工作是在经常与开发组织的其他成员协作下进行的。典型的开发组织包括经营管理、销售、技术工程、制造等专业机构。工业设计师特别注重人的特征、需求和兴趣，而这些又需要对视觉、触觉、安全、使用标准等各方面有详细的了解。工业设计师就是把对这些方面的考虑与生产过程中的技术要求，包括销售机遇、流动和维修等有机地结合起来。

工业设计师是在保护公众的安全和利益、尊重现实环境和遵守职业道德的前提下进行工作的。" ❸

（4）加拿大魁北克工业设计师协会（The Association of Qucbec Industrial Designers）的定义

"工业设计包括提出问题和解决问题两个过程。既然设计就是为了给特定的功能寻求最佳形式，这个形式又受功能条件的制约，那么形式和使用功能相互作用的辩证关系就是工业设计。

工业设计并不需要导致个人的艺术作品和产生天才，也不受时间、空间和人的目的控制，它只是为了满足包括设计师本人和他们所属社会的人们某种物

---

❶❷❸ 程能林主编. 工业设计概论. 北京：机械工业出版社，2006。

质上和精神上的需要而进行的人类活动。这种活动是在特定的时间、特定的社会环境中进行的。因此，它必然会受到生存环境内起作用的各种物质力量的冲击，受到各种有形的和无形的影响和压力。工业设计采取的形式要影响到心理和精神、物质和自然环境。"❶

（5）J. 赫斯凯特对工业设计的定义

工业设计是一个与生产方法相分离的创造、发明和确定的过程。它把各种起作用的因素通常是冲突的因素最后综合转变为一种三维形式的观念。它的物质现实性能够通过机械手段进行大量的再生产。因此，它尤其与 1770 年左右英国产生的工业革命开始的工业化和机械化相联系。❷

在上述的定义中，第 1 个定义指出工业设计是一项主要针对产品外形的创造活动。但是外观必须与结构和功能一起形成一个统一的整体。

第 2 个定义是国内设计界比较熟悉的一个定义。这个定义明确指出工业设计是批量生产的产品设计及设计的内容。

第 3 个定义指出工业设计对产品的外形、功能及使用价值的优选，同时又指出工业设计与相关的行业与专业必须紧密结合。

第 4 个定义指出工业设计就是寻求产品外形与使用功能的辩证关系，并特别指出工业设计并不需要导致这样的结果：艺术作品与艺术天才。这一点对于今天的人们理解工业设计的本质仍然有着重要的现实意义。

第 5 个定义的重点是指出了工业设计是一个创造与发明的过程。

纵观上述不同组织、不同国家对工业设计的定义，可以得出下列一些结论。

① 基本一致认为工业设计就是批量化生产的产品设计，其目的是赋予具有特定功能的批量化生产的产品以最佳的形式，并使产品的形式、功能与结构之间具备辨证的统一；

② 工业设计还涉及与工业生产相关的人类环境，如包装、销售、宣传、展示、市场开发、维修；

③ 工业设计应创造使用者与生产者双方的利益；

④ 工业设计不需要导致艺术作品与艺术天才的出现。

1.5　工业设计的新发展

前面已经指出，工业设计是处于不断的变化与发展中。当然，其他学科也是在不断发展与变化。但在某种意义上，工业设计的变化与发展比其他学科更为迅速。可以说工业设计自诞生之日起，其形态体系就一直处于变动、拓展、

---

❶ 程能林主编. 工业设计概论. 北京：机械工业出版社，2006
❷ J. Heskett.Industrial Design.London：Thamas & Hudson，1980: 10.

分化、交叉或重组的不稳定状态之中，从而使工业设计从最初期的产品造型设计，经过功能主义、后现代主义阶段的曲折、反复与变化，一直发展到2001年相关组织对工业设计的最新定义与观念：2001国际工业设计联合会（ICSID）关于《设计的定义》，以及《2001汉城工业设计家宣言》。

1.5.1 国际工业设计联合会（ICSID）2001的《设计的定义》

国际工业设计联合会（ICSID）的《设计的定义》，涵盖了所有的设计学科，并为国际工业设计联合会的成员协会发展其战略、目标以及制定保证其活动在国际上与行业进一步发展相一致的计划提供一个基础。

设计的定义

（1）目的

设计是一种创造性的活动，其目的是综合考虑并提高物品、过程、服务以及它们在整个生命周期中构成的系统的质量。因此，设计既是创新技术人性化的重要因素，也是经济文化交流的关键因素。

（2）任务

设计致力于发现和评估与下列项目在结构、组织、功能、表现和经济上的关系：

① 增强全球可持续性发展和环境保护（全球道德规范）；

② 赋予整个人类社会、个人、集体、最终用户、制造者和市场经营者以利益和自由（社会道德规范）；

③ 在全球化的进程中支持文化的多样性（文化道德规范）；

④ 赋予产品、服务和系统以表现性的形式（语义学）并与它们的内涵相协调（美学）。

设计关注于由工业化——而不只是由生产时用的几种工艺——所衍生的工具、组织和逻辑创造出来的产品、服务和系统。限定设计的形容词"工业的（industrial）"必然与工业（industry）一词有关，也与它在生产部门所具有的含义，或者其古老的含义"勤奋工作（industrious activity）"相关。

也就是说，设计是一种包含了广泛专业的活动，产品、服务、平面、室内和建筑都在其中。这些活动都应该和其它相关专业协调配合，进一步提高生命的价值。

1.5.2 《2001汉城工业设计家宣言》

2001年7月，国际工业设计联合会第22届大会在韩国汉城（今首尔）开幕，1000多位设计家、建筑家、艺术家、社会学家与哲学家赴会讨论他们对设计的看法与观点，最后发表了由大会组委会历经10个月起草的、并经代表

Chapter
1

Chapter
2

Chapter
3

Chapter
4

Chapter
5

Chapter
6

Chapter
7

们围绕着"扩大'工业设计'的定义"、"新技术的发展对工业设计认同的影响"、"改变的社会中，经济环境和工业设计之间的关系"、"未来工业设计与伦理的角色"及"通过工业设计的文化启蒙"五个议题所进行的讨论，最终草拟出《2001汉城工业设计家宣言》。

（1）挑战

——工业设计将不再是一个定义"为工业的设计"的术语。

——工业设计将不再仅将注意力集中在工业生产的方法上。

——工业设计将不再把环境看作是一个分离的实体。

——工业设计将不再只创造物质的幸福。

（2）使命

——工业设计应当通过将"为什么"的重要性置于对"怎么样"这一早熟问题的结论性回答之前，在人们和他们的人工环境之间寻求一种前摄的关系。

——工业设计应当通过在"主体"和"客体"之间寻求和谐，在人与人、人与物、人与自然，心灵和身体之间营造多重、平等和整体的关系。

——工业设计应当通过联系"可见"与"不可见"，鼓励人们体验生活的深度与广度。

——工业设计应当是一个开放的概念，灵活地适应现在和未来的需求。

（3）重申使命

——我们，作为伦理的工业设计家，应当培育人们的自主性，并通过提供使个人能够创造性地运用人工制品的机会使人们树立起他们的尊严。

——我们，作为全球的工业设计家，应当通过协调影响可持续发展的不同方面，如政治、经济、文化、技术和环境，来实现可持续发展的目标。

——我们，作为启蒙的工业设计家，应当推广一种生活，使人们重新发现隐藏在日常存在后更深层的价值和含义，而不是刺激人们无止境的欲望。

——我们，作为人文的工业设计家，应当通过制造文化间的对话为"文化共存"作贡献，同时尊重他们的多样性。

——最重要的是，作为负责的工业设计家，我们必须清楚今天的决定会影响到明天的事业。

显而易见，国际工业设计联合会2001的《设计的定义》与《2001汉城工业设计家宣言》中所表述的工业设计的概念与意义，比过去任何时候都更广泛、更深刻。特别是后者对工业设计家应当承担的责任与义务，提出了全面的、深刻的与具体的要求，这使得人们更深刻地理解到现代工业设计涉及范围的宽泛及意义的深刻。关于这方面的内容，将在第4章作专门的解读。实际上，以后各章的内容中，都不同程度地贯穿着这方面的内容与精神。

1.6 工业设计涉及的要素与学科

根据上述工业设计定义及对工业设计理念的分析，把工业设计涉及的要素总结并以图 1-7 表示。这些要素分别属于自然科学、社会科学与人文学科中的相关学科。

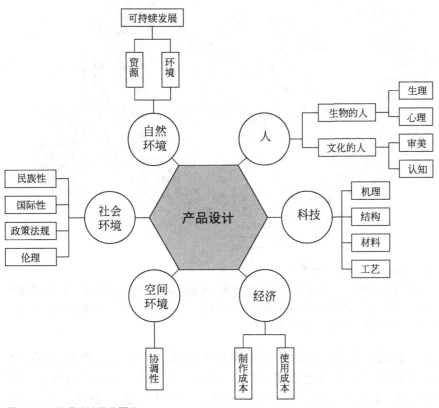

图 1-7 工业设计涉及的要素

日本设计家佐口七朗在《设计概论》中列举了与设计有直接或间接的科学、技术、人文等领域的学科，仿照这种形式，把与产品设计相关的这些学科排列了一个图（图 1-8），供大家参考。

工业设计涉及的要素与学科，是指一个产品的设计是在这些要素与学科的共同约束及限制下完成的。也可以这样说，这些要素与学科构成了产品设计的设计环境，产品设计就是设计环境作用的结果。

一个产品的设计，不可能脱离它所处的设计环境，这个设计环境也就是文化环境。因此，产品设计是在整个社会文化环境下的求解活动，是在构成文化环境的诸要素约束及限制下进行的创造活动。

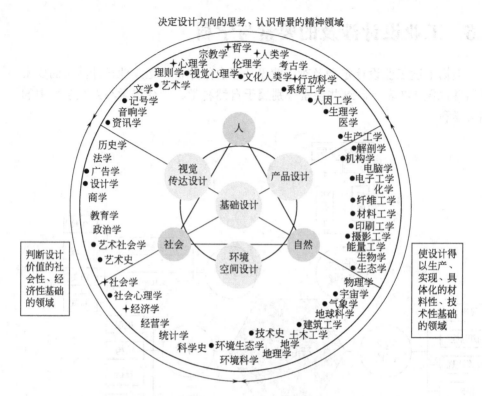

图 1-8　设计与诸科学的关系配置图 ❶

日本佐口七郎在《设计概论》中提出的设计与诸科学的关系图：前面加黑点的学科表示与设计有着特别密切的关系，而其他学科则与设计同样有着直接与间接的关系。笔者认为，图中加星号的学科与设计也有着特别密切的关系（星号为笔者所加）

　　所以，制约、约束、限制，都是设计的前提。无论是自然的限制，还是人与社会的限制，都使在重重的约束与限制下突破"重围"的设计具有非凡的意义！可以这样说，没有限制就无所谓设计，限制越大、越苛刻，设计的求解活动就越有意义。设计就是突破种种限制的创造活动。突破与限制是人类设计实践活动的两面，它们共同构成人类的设计创造活动的本质与前提。

1.6.1　人的要素与相关学科

　　产品设计的目的是满足人的需求，所以，设计的目的应直接指向人，当然这无疑也成为产品设计的出发点。因此，产品设计首先是与人发生联系，受人的特征的制约。人的特征可以作为生物学意义的人与作为文化学意义的人两个方面来分析。

---

❶　程能林主编. 工业设计概论. 北京：机械工业出版社，2006：16.

作为生物学意义的人对设计的影响主要体现为人的生理特征的约束。人的生理结构特征是一切产品设计所首先必须考虑的第一要素。

人的所有生理结构中，人的视觉及四肢特别是双手与产品的关系特别密切：产品的所有操作大都与手有关，所以产品操作部件设计离不开手的生理结构；产品的信息输入与信息反馈与人的视觉及肢体密切相关，否则产品设计就不可能使人的操作舒适、合理与高效。

此外，作为文化学意义的人，决定着生理结构以外的人的多种特征。人的文化特征如审美的能力、认知的能力等，也决定着人对产品的文化需求、审美需求、认知需求、象征需求等等。

1.6.2　科学技术要素与相关学科

科学技术对产品设计的意义是不言而喻的。没有科学技术的支撑，产品设计就不可能从概念走向物化，从想象走向现实，因此，科技构筑了产品的基础支撑平台。

科学技术对产品设计的意义具体体现在两个层面上：一是作为指导设计师、消费者行为和思想的、属于观念意义上的科学技术，即科学态度与科学精神；二是作为产品物化的普遍规律和方法，属于手段意义的科学技术。

工业设计区别于主要依赖于经验与直觉的手工艺设计，更有别于依赖想象的艺术设计。现代以来的设计被称为是科学的、理性的设计，首先是因为科学已成为现代设计的基本态度与精神。现代设计不再是依赖经验、直觉与想象的手工艺活动与艺术活动，而发展为从设计程序到设计方法不断科学化的创造活动。人机工程学、设计管理学、设计心理学、设计符号学与设计方法学等的相继诞生就是一个有力的证明。

作为手段意义上的科学技术，给产品设计提供了科学原理、功能技术、结构技术、生产技术及材料与材料技术，给设计走向物化、现实化提供了支撑平台。信息科学与技术、材料科学与技术、结构科学与技术、加工工艺的发展与进步决定着产品设计的发展与未来。

1.6.3　经济要素与相关学科

经济要素对产品设计的约束主要体现在产品生命周期中的三个主要阶段，即产品生产制造与流通的经济性，产品使用的经济性与产品废弃的经济性。

产品生产制造与流通的经济性，就是通常理解中的产品生产成本与流通成本，它们包括材料、人力、设备、能源、运输、贮藏、展示、推销等费用。

产品使用过程中的经济性，是指产品进入使用过程中，以花费尽可能少的能源及其他资源来达到尽可能最优的使用目的。这表面上看仅仅涉及消费者的使用成本支出，但更为深层的意义是环境伦理问题。

产品废弃的经济性包括两大方面。一是产品废弃后，可回收的零部件或材料在整机价值中的比重。如比重较大，则经济性就高，反之则低。

产品经过使用、到达一定的年限或使用次数，并经过维修仍无法正常使用，就是进入了废弃阶段，即作为废品的概念进行处理。废品占用的空间、最后处理对环境的污染等，在一定程度上都会转化为经济问题，这构成了产品废弃经济性的另一方面。

从本质上说，产品废弃的经济性问题是资源的伦理问题，也是整个设计思想的伦理价值的体现。因为它直接涉及人类"可持续性的发展"的理想与目标。

1.6.4 自然环境要素与相关学科

自然环境对设计的约束主要体现在两个方面：资源与环境。

在现代，自然环境对设计的意义就是：以人类社会可持续发展为目标，以环境伦理学为理论出发点来指导产品设计，使产品设计在解决相关环境问题上作出应有的努力。

目前所指的"环境问题"包括四大方面。

（1）环境污染

这是最早引起社会广泛关注的环境问题，它包括大气污染、水污染、工业废物与生活垃圾、噪声污染等。

（2）生态破坏

其主要表现是森林锐减、草原退化、水土流失和荒漠化，它是导致20世纪中叶以来自然灾害增多的主要原因。

（3）资源、能源问题

自然资源是人类环境的重要组成部分，资源、能源的过度消耗和浪费不仅造成了世界性的资源、能源危机，而且造成了严重的环境污染和生态破坏。

（4）全球性环境问题

它包括臭氧层破坏、全球气候变暖、生物多样性减少、危险废弃物越境转移等。

1.6.5 社会环境要素与相关学科

社会环境对产品设计的约束，具体体现在社会的政治、经济、军事、法律、宗教、文化、风俗等直接地影响设计、约束着设计。因此，产品设计也必须以社会环境中的各个因素作为设计的前提展开，这就是设计的社会性原则。

文化对设计的影响最主要地体现为设计的民族化与设计国际化。设计的民族化与国际化问题，浅层面的表现是设计审美的形式与风格的差异，深层次则体现为设计内容与生存方式的适应与否。关于这一点，第4章有专门的论述。

社会环境对设计的影响的另一个重要体现就是设计的社会伦理与设计规范。前者从设计的社会道德伦理层面对设计提出了约束，这个约束是柔性的；后者则从政策与法规层面对设计设置了限制，这个限制则是刚性的，不可逾越的。

1.6.6 空间环境要素与相关学科

空间环境是指产品所处的物理空间及该空间中其他物化形态共同空间环境。该环境对产品设计的影响就是体现为产品与这一个空间环境的协调性，这一个协调性不仅仅体现为形态、色彩等要素，还体现在功能使用与收纳方式的处理上。

综上所述，设计涉及的要素与学科分布在自然科学、社会科学与人文科学三大知识领域中，这使得设计学科比起其他学科更具综合性与复杂性，也说明设计学科学习的知识面与能力也要宽广得多。

Chapter

1

Chapter
2

Chapter
3

Chapter
4

Chapter
5

Chapter
6

Chapter
7

第2章

工业设计发展的新阶段

　　新世纪开年，国际工业设计联合会（ICSID）关于工业设计的 2001 年的新定义（以下简称《2001 定义》）与"2001 汉城工业设计家宣言"（下简称《宣言》），以更宽广的视野与更深刻的思想，向世界传达了工业设计的崭新的含义与对人类文化所产生的巨大影响。其对历史使命的解释，更表达出工业设计在新世纪中承担的人类的文明建构的责任。这给国际工业设计界特别是中国工业设计界全面理解工业设计提供了两份深刻的极有价值的研究文本。

　　从设计的发展史上看，而是随着社会的发展不断向前推进：从大工业生产时代的对产品的装饰，到现代主义的功能至上，以及后来各种在形式与功能间徘徊的设计运动……工业设计从初期对造型的关注向造型背后隐含的更深层次的方式设计和功能设计的全方位关注的发展，直至对人的生存与生命的关注。这种从对物的关注发展为对人的关注，从对人的审美需求的关注发展到对人的生活、生存和发展的关注，体现了工业设计发展的深刻的人文性与文化性。

2.1 走向更新的概念

——工业设计将不再是一个定义"为工业的设计"的术语；

——工业设计应当是一个开放的概念，灵活地适应现在和未来的需求。

引自《2001汉城工业设计家宣言》

自"工业设计"一词进入中国以来，设计界与社会对"工业设计"的理解大多由字面意义切入："工业的设计"、"工业领域的设计"、"为工业的设计"等，即在工业领域之内针对工业产品的设计。

严格地说，这一理解在工业设计进入中国大地的初期是无可指责的，即使在今日把"工业设计"主要指向"工业"也无可厚非。毕竟它是主要指向工业，而非手工业；是主要指向工业领域，而非其他领域；是指向工业社会，而非农业社会；是指向工业产品，而非艺术品……更主要的是，工业设计的概念正式萌发于工业社会的开端、工业化产品生产的初期。因此，在这样的时代背景下，将设计冠以"工业"一词修饰实不为过，"工业设计"的由来正是基于上述原因。

但是，设计史告诉我们，工业设计的概念并非僵化并一成不变的，而是随着社会的发展不断向前演进：从最初的大工业生产条件下的产品装饰，到随后的现代主义、后现代主义在功能与形式之间的徘徊，以及后来人机工程学、工程心理学等的加入，一直发展到今天的物质化与非物质化产品的文化设计。工业设计概念的这一种变化，可将之描述为：工业设计由产品的表征设计为发端继而发展为产品本质意义的设计，由形式的纯审美设计，发展为人的生存方式的设计，由对产品形式的研究发展为对产品使用者——特定社会形态中人的行为方式及需求的研究；由对物的需要研究发展为对物、对精神双重需求的研究。在这一过程中，工业设计逐渐完成了由对"人—物"间三个层面关系中最表象的审美关系的关注，到对人的生存与发展的意义及人的生命、人的理想的关注，由对物的关注到对人的关注的过程。

简言之，在今天新的时代背景下，工业设计所涉及的更多的是设计对象的设计理念、思想、意义、价值等领域的探讨和研究。而这些所谓"理念"、"思想"、"意义"与"价值"，无一不是与人有关，无一不是与人的目的与理想密切相连！因此，现时期工业设计就必须从设计的理念、思想、意义与价值等领域出发，进行概念的界定与描述，而不再是以设计对象的特征进行界定。事实上，设计对象由物质产品向非物质产品的延伸，即宣告了工业设计不再是"为工业的设计"。

比如作为非物质产品的服务经济产品的设计，就属于不是"为工业"的工业设计。今天或将来，因为交通和环境承载能力的问题而无法实现人人拥有自己的一辆汽车的愿望，但是却可以通过"拼车服务"来实现共享汽车的目的。来自 Nokia Research 的 Stephan Hartwig 和 Michael Buchmann 的研究报告，称全世界有超过 5 亿辆个人车辆，这些车每年行程有 5 万亿公里的规模。如果假设这些行驶中的车都空有两个位置，而假定每个座位每公里的收费为 5 分欧元，那么这些空位潜在的价值达 5 千亿欧元。如果不加以利用不仅是金钱的浪费，也是资源的浪费。移动设备（例如手机）可以设计成为拼车（ride-sharing）服务的工具。未来以手机为主的移动网络，将极力帮助实现类似共享汽车、共享交通的这种交通方式。这种新型交通模式的设计，不是"为工业的设计"，也不是"为工业产品的设计"，而是"为生活的设计"。这个设计也不再是视觉审美的设计与操作方式的设计。这一种设计所体现的意义更多地在于人的出行方式的革新而改变了人们的某种生活方式，从设计思想上体现了人们对环境的责任。

工业设计的概念是动态的和发展变化的。工业设计的发展从过去对工业产品造型的关注发展到今天对人的生存方式、人的价值以及生命意义的关注。这种发展体现出的人类对自身设计行为认知的深刻性，是工业设计这门学科具有生命力的标志。对于工业设计这样年轻的学科而言，不断地发展与渐进，是完全正常的，也是完全必须的。工业设计概念的发展同任何一个学科的发展一样，必然经历从表象到内容、从方法到理念、从感性到理性、从经验到科学的过程。

可以这样认为，工业设计概念的发展，即从早期以工业设计研究对象的特征为前提的概念界定，到《宣言》表述的工业设计的思想、理念的本质属性为前提的概念界定，体现出国际设计界对工业设计认识的深化。在未来，工业设计的概念还将发展，但它仍然不会将概念的界定建立在设计对象的范畴区别上，而建筑在以"设计目标—环境（社会环境与自然环境）—人"这一系统的最大和谐为目的、寻求设计对象的解决方案这一基础之上。这里的"设计对象"，就是一切人造事物（或人工事物）。未来的工业设计将直接指向人类发展的终极：人的自由与全面发展。因此，工业设计这一名词确实已经不能准确地表达出它的本质含义与内容，而极易使人产生误解。但是，在没有一个更恰当的词来代替"工业设计"之前，只能把它当成一个约定俗成的符号看待：这一符号的能指与所指的关系仅仅是约定俗成的，而不是像标志那样，能指必须反映出所指的意义。正如一直把汉字符号的"人"，通过约定俗成的方法与实际中的人联系起来。实际上，作为符号系统的整个人类文化，也是依据约定成俗的、而不是必然的关系，构筑起整个意义世界的。

2.2　走向人的尊严

　　——工业设计应当通过将"为什么"的重要性置于对"怎么样"这一早熟问题的结论性回答之前，在人们和他们的人工环境之间寻求一种前摄的关系。

　　——工业设计应当通过在"主体"和"客体"之间寻求和谐，在人与人、人与物、人与自然、心灵和身体之间营造多重、平等和整体的关系。

　　——我们，作为伦理的工业设计家，应当培育人们的自主性，并通过提供使个人能够创造性地运用人工制品的机会使人们树立起他们的尊严。

引自《2001 汉城工业设计家宣言》

　　科学技术的飞速发展，设计的某种"异化"现象正以隐蔽、深刻的方式出现。人类设计的产品在"解放人类四肢，甚至头脑的同时，也在增加人类工作的生理负担——疲劳度不断增加，活动量大为减少，人们变得更习惯于久坐，虽然身处'最新设备'的环境之中，却频频发生一连串疾病。这些'病态产品'使人渐渐失去了与自身的自然状态所应保持的平衡性，人类被自己所制造、使用的、理应为人类服务的产品所扭曲、贬低、甚至失去了尊严。以伦敦为例，大约有 50％的现代化办公环境是不符合健康工作标准的，有 98％的人脚不同程度地被鞋子扭着或者身体活动乃至姿势受'时装'约束，电脑及其显示屏不惜降低设计水准，花里胡哨，键盘排列和形态也与双手无关"。

　　设计的异化现象，表现出人与物的地位的倒置：本来人是物的主人，人是物的绝对指挥者，但在诸多产品面前，人往往处于服从地位。因此，重申设计的目的与本质，重建人在产品面前的尊严，在现代工业社会是十分必要的。当技术飞速发展带给人们更多的文明可能时，反而需要更为清醒：在新的文明不断到来的时候，人的地位不是在提升反而在降低。

　　自然科学的实质是回答"事物是怎样"的，设计科学则回答"事物应该是怎样"的。人类对自然科学不停地探索，目的就是要探求大自然的各种事物的本来面目，了解这些事物客观规律性——"事物是怎样"的。设计科学则是解决这些事物本"应该"怎样，这"应该"两字，体现了人的愿望、人的要求、人的企盼。因此设计就是将事物改造成"应该"是什么的样的状态，使事物能满足人的愿望与要求。

　　如果说技术回答"如何造一个物"这样的方法论的问题的话，那么设计则回答"造一个什么样的物"这样一个与人密切相关的设计本体论的问题。

　　因此，科学与技术，解决的是自然事物的本身的内容与规律，以及"如何造一个物"的方法问题，这一个造物的方法只涉及客观事物的规律性而不涉及人的问题。设计学则解决人对物的希望与价值问题。

显然，在自然科学与设计科学的关系中，先解决"事物是怎样"的自然科学问题，然后回答"事物应该是怎样"的。在技术科学与设计科学的关系中，必须先解决"造一个什么样的物"的设计问题，然后由技术科学解决"如何造一个物"的方法问题。可见，在人类造物活动中，必须把"造一个什么样的物"这一问题放在"怎样造一个物"的前面，才是造物的科学态度。正如"造一个什么样的桌子"始终要摆在"怎样造一个桌子"问题的前面。

在人类文明史上，在人类的造物技术水平较低时，造物的方法成为人类关注的重点，是不足为奇的，因为只有迅速提高造物的技术、解决造物的方法，才能让更多的人拥有产品，享受到现代工业的文明。在现代社会工业社会，造物的技术与方法，已经能保证社会公众都能从工业化生产方式中，得到想得到的产品。因此，造一个能满足人的各种需求的物的问题就成为现代社会人类造物行为首先必须回答的问题。当然，技术的发展与人性的需求是以互动的交叉方式，即不断地满足与不断地不满足的交互发展。特别是当设计从生产中分离出来成为一个独立的造物策划行为后，就使得"造一个什么样的物"成为"怎样造一个物"这样一"早熟"的问题之前首先必须回答的问题，这就是所谓的"前摄"关系。缺少这一"前摄"关系，现代的造物活动就是一种无目的的行为。

多年来，设计在造物功利性的强大力量推动下，将造物活动直接推向结论性回答，即绕过"造什么样的物"而直接指向"怎样造物"。这样的设计必然会导致设计与人、设计与生活的脱离，而造成人的异化，人与产品的对立。

设计的重点不是设计了什么，而是针对人在生存与发展进程中产生的种种要求，设计能满足什么。因此设计产生的物是一种"手段"，而物能满足什么则是"目的"。设计的根本在于对人的关怀与尊重，其目的是为人提供选择的多种可能性，将人从各种规定性中解放出来，建立起人与物、人与自然的和谐关系。人与物的和谐关系就是人通过物的驾驭呈现自身的尊严。

设计通过产品传达着对人最深切的关怀，如此的设计正是通过对"为什么"的反复思索而诞生的，设计师就是为这个前摄性问题的解惑而存在的。设计师被赋予"意匠"的称谓，注定不是在物质实体形式中踯躅的，唯有对设计"本源"的追寻与领悟才是设计的秘要。

工业设计历经对技术的关注、对形式的关注，现在进入了对主体的关注，标志着工业设计正从视觉的层面进入了思维的层面，从客体的层面进入了主体的层面，从作为手段的科学层面进入作为目的的、表明人的智慧的哲学层面，这正是工业设计一步步走向"成熟"的标志。

把人当作人，这是在前面强调过的工业设计的文化性的基本体现，也是工业设计伦理的基本出发点。

工业设计家如何通过设计"培育人们的自主性"？什么是人的"自主性"？

"自主性"就是人在物面前必须确立的"主体性"与主体地位。就人与物的关系而言，在物面前，人始终是主体。这一点，在任何时代、任何产品面前必须确立的基本原则。强调这一点，目的是为了防止在高科技产品面前，在高度的自动化面前，设计使人不知不觉地异化为从属于物的角色。实际上，这一种现象已十分普遍，只不过我们并未十分清楚地意识到而已。由于对高科技的崇拜，对物的占有的欲望，使得失去主体地位的人们即使意识到这一点，也认为是自然的、应该的，"因为技术是难以改变的，而人是可以屈从的"。

　　"自主性"的集中体现是人的创造性。创造性是人的最基本、也是最宝贵的品质。人类依靠创造性，把不属于人的世界改造成人的世界，把人与世界的关系变成相互依赖的伙伴关系。如果说，人类至今的所有文明，都是由于人的创造性，使自己成为自然的主人，创造了一个属于人的客体世界的话，那么，人类今后的创造性，则更注重地体现为人如何把自己当作人，在人类创造的"第二自然"面前恢复人的尊严、人的主体地位。

　　设计的伦理问题是一个十分广泛的论题，也是工业设计极富哲理的理论问题。为了人的尊严与主体地位，设计师创造了许许多多的产品，并组成了人类生存的"第二自然"，为人们提供了多方面的服务。但是，在自己创造的物的面前，人又逐渐失去了自己尊严与主体地位，被剥夺创造性而成为物的奴隶：在许多产品面前，只能按照产品允许的操作方式，一丝不苟地执行操作。也只能按产品限定的生活方式进行生存活动……实质上，人们已陷于自己给自己设置的剥夺了创造性的非主体地位。从这一点来说，失去伦理指导的设计活动，正像失去任何理论指导设计行为一样，是不可能成为有意义的创造活动，是不可能产生高品格的产品的。

2.3　走向生活的广度与深度

　　——工业设计将不再只创造物质的幸福。

　　——工业设计应当通过联系"可见"与"不可见"，鼓励人们体验生活的深度与广度。

　　走进新世纪的工业设计认为，工业设计应该渗透进人类生活的任何角度及生活背后的价值体系，使人类生活从形式到内容，从主要领域到次要领域，从"可见"的形式到"不可见"的形式，从物质到精神，从视觉的感觉到体验的感觉，都能体现出人的价值与尊严。

　　工业设计应该创造物质的幸福，这是毋庸置疑的。因为工业设计的对象就是与人们生活息息相关的产品。技术的发展和设计的推波助澜，使人们渐渐地产生了一种"恋物情结"——在电视中看到了原先无法直接看到的东西，从中照出自己的影像，人们与电视的关系亲密到甚至想把电视"戴"在眼睛上；通过汽车可以快速到达目的地，车与人似乎可以成为一体，人们甚至想把汽车"穿"在身上……

如果人们只是把生活的重心放在消费和享受有形的物质幸福，就会造成对物质的过度占有和人类的非可持续发展的情况发生。也许在人们身边有许多是闲置的物品，也有许多是寿命未终而被更新换代的物品，这也就意味着过度的资源输入和废弃物的输出，人类的可持续发展就不可能。

科学的推动使得人类对自然的认识和改造不断深入，生产力的极大发展在满足人类物质需求的同时，也不断膨胀着人的物欲，人类文明的精神空间却相对萎缩。人们陶醉在五光十色的物质世界的幸福里时，却遭遇到精神世界的空虚与苦恼，比如日益发展的高新科技使人们从过去只能从纸质的书籍上获取知识、思考问题，到如今从手机到电脑，从局域网到因特网，都是获得信息的途径。获取信息的途径越来越丰富，其载体也被设计制作得越来越精致，但是在现代工业社会特有的"快餐文化"中渐渐失去了思想，以至于惠特曼忧心忡忡地说："到哪里去找回在知识里丢失的思想？到哪里去找回在信息里丢失的知识？"人类在物质世界中迷失了自我，不可避免地拜倒在技术的脚下。人们追求金钱财富、物质享受，并用之衡量一切。刺激消费的大批量生产，帝皇式的品牌名称，越造越奢华的产品形式，超级的产品包装以及用完即扔的一次性产品……不禁要问：在物的世界中，人在哪里？

随着社会、经济的发展，工业设计的使命从为人类创造物质幸福扩展为为人类创造物质与精神上的双重幸福。人们对产品的要求不仅仅是"可用"，而是要求在使用的过程中真正地获得人的尊严，体验到人生的乐趣，使生活更加丰富并充满意义。仅仅把工业设计看作只创造物质的幸福，使得可见的部分遮蔽了不可见的部分：物质设计中"可见"的部分——造物的形式、形态、色彩、肌理等在过去常常被当作工业设计的全部，其实这些仅仅是物质设计中"可见"的部分，在物质设计中还有着更重要的"不可见"的部分，除了功能、操作方式等之外，还有情感和精神上的体验与满足。就是物质性产品，其设计也不仅仅是物质性功能设计，而应通过物质性的"可见"形态载体，来传递"不可见"的服务体验。工业设计不仅要创造物质的幸福，更应创造精神的满足，这就要求设计不仅仅要关注"可见"的部分，更要关注"不可见"的部分——人的精神追求。只有这样，工业设计才能成为人类一种深刻的创造活动：通过"可见"的表象联系着"不可见"的内涵，创造出"不可见"的、人类渴求的精神体验与生命意义的深远。

比如对洗衣机的动力结构与人的健身器材随时可以组成一个系统，当人们愿意时，健身活动产生的能量成为洗衣机的动能从而实现健身活动与净化衣物两个目的的双赢。如果有这样的产品问世的话，那么，它存在的意义绝不是仅仅为人们节约了洗衣机工作时的电费，而在于人类巧妙地联结了这两个貌似无关的活动，不使用任何能量而分别达到了各自的目的。这种符合绿色设计思想的健身与洗衣方式，不仅净化了衣物，得到了人体生理上的活力与健康，还收获了精神上的欢愉与满足。

工业设计有责任通过产品帮助人们对生活理解的深化和对真正有意义的生活的追求和向往。人的本性归结于他生活的过程是怎样的，而不是他最终占有了什么。如果把"占有什么"的"结果"代替"生活过程"，那才是对生命的意义的异化。而要消除这种异化的唯一途径是使人类回到真正的生活中去，使设计回归到人的本性。

设计"创造物质与精神的双重幸福"是将设计的深度由人的肢体的解放指向人的终极自由——体力与精神解放。所以工业设计应该创造这样一种生活上的幸福：人们不再着眼于物质的富裕，而是追求一种更加丰富、更加真实的人生体验，一种创造性的、由自己内在生命推动的生活。

究其本质，工业设计是一种理想、一种理念、一种精神与思想；同时，它又是一个具体的过程、一种方法与一种结果。《2001定义》与《宣言》将设计的对象由物质推向非物质，由可见推向不可见，由工业产品推向非工业产品，由工业推向非工业……大大拓展了工业设计的广度；同时，《2001定义》与《宣言》将设计的深度由人的肢体解放指向人的终极自由，即体力与精神的解放，由规范人的行为的设计推向人的创造性行为的设计，由导致工具的人的设计推向重新回归主体尊严的人设计，由人与物的形式审美关系推向人与人、人与物、人与自然的整体和谐关系……赋予设计以极大深刻性。新世纪的工业设计概念，其概念的开放性在于将基于设计范畴及设计对象特征的判断提升到思想、观念和精神的层面；其概念的丰富性在于《宣言》基于历史而提出了包容设计未来发展空间的命题。因此，《2001定义》与《宣言》，作为二十一世纪开年对工业设计的新宣言，其内涵的深刻性将使它们成为人类设计史新的转折的标志。

2.4　走向"人·物·环境"的和谐

——工业设计应当通过在"主体"和"客体"之间寻求和谐，在人与人，人与物、人与自然，心灵和身体之间营造多重、平等和整体的关系。

引自《2001汉城工业设计家宣言》

设计是人类为了满足自身的某种特定需要而进行的一项创造性活动，它也是人类得以生存和发展的最基本的活动。生理因素、心理因素和环境因素这三个推动人类设计行为的主要动机，不断地促使人造物的产生。一方面，人类的生存和繁衍需要"物"，也依赖于"物"的不断改进；另一方面，这种对物的依赖性又不断地纵容了人的"需要"。人和物的关系也因此而处于不断发展和变化的微妙的平衡之中。

在这个过程中，"物"所反映的就是人与人、人与物、人与环境之间的伦理关系。

要建立一个美好的世界，必须要有一个正确的伦理观念。这种观念完全不同于传统的观念。传统的观念把设计看成是舞台灯光。设计只是为了创造瞬间的吸引力。不择手段地迎合它的目标观众，而不管有没有长远、理智的思考，都可以称为好的设计。因为，从传统的观念来看，设计没有永恒的色彩。在这个观念下，产生了不惜一切地追求新奇，使得对表象美感的追求高于了内在品质的追求。实际上只要回顾一下设计的历史，不难看出，刻意为新而新，为异而异的设计很少有好的设计。相反，不求新不求异，只求做得更好的设计，往往都是好的新设计。

设计的伦理问题已经成为设计理论中最重要的内容之一。设计中的伦理问题不仅涉及设计产品的内容，而且事关设计本身（包括动因、过程以及造成的结果）。正如著名设计师查尔斯·伊姆斯所说："设计中总是有很多限制，而这些限制中就包含伦理问题。"虽然作为设计的限制因素，伦理问题的影响力有时还仅仅限于道德层面的，未能对设计的过程和结果产生刚性的、决定性的影响，但就宏观层面来说，设计受伦理因素的限制定将成为人类设计行为的评价标准和道德规范，这一点已经越来越为人们所认同。

设计必须体现出人与人、人与物、人与环境平等、和谐与整体的关系，这就是设计伦理主要内容。

在过去很长一段时间里，工业设计关注的只是对物的认识和创造，因为在工业社会早期，"可用"的问题是造物的主要矛盾，人们无暇顾及更深层的需求。随着对设计的认识和设计实践的深入，工业设计渐渐从对造物本身的关心转向对人的关怀，但这样的关怀还仅仅局限于追求产品的形式美，这在本质上仍然没有体现对人性更多的思考与满足。

"人"是一切产品形式存在的依据，也是产品存在的尺度。工业设计历经了对技术的关注、对审美的关注，现在进入对主体也就是对人的关注，标志着工业设计正从视觉的层面进入思想观念的层面，从客体的层面进入了主体的层面，从作为手段的技术层面进入作为目的的观念层面，这正是走进新世纪的工业设计走向逐渐"成熟"的标志。

当越来越多的产品打破人与自然界的平衡关系——产品生产过程产生的废料、废水、废气及产品的废弃物不断堆积导致严重污染地球这个人类共同的家园；为了生产产品的需要不断掠夺地球日趋贫乏的资源，不断破坏人类赖以生存的环境……种种生态危机使得与环境生态有关的生态哲学和生态文化开始萌发并影响工业设计。这虽然有不得已而为之的意味，但人类毕竟还是醒悟到善待自然也是善待自己的真理。人类在自然界中找到了真正属于自己的位置：人与环境必须和谐相处。环境作为设计的主要元素之一，既是工业设计的资源来源，又是工业设计约束的尺度。环境对工业设计的这种辩证关系，就如文化一样，成为人生存与发展的自我相关系统。

对于人来说，任何一种产品都是人的工具，都是人与人、人与社会、人与自然"对话"的中介。作为工具的产品放大了人的能力，通过控制产品达到与周围环境对话的目的。因此，在这个意义上，任何产品都应该是人的高度灵活的肢体与器官，去做人想要做的一切。另一方面，产品又不是真正意义上的肢体与器官，它作为人以外的客体，又与人存在着一定的不可调和性，这种不可调和性又成为物控制人、影响人、反制人的一个重要因素。

物与人要取得和谐，就要赋予物以充分的人性，使得物的非人性成分降到尽可能低的程度，这既涉及已有技术的提升，又关系物的设计的高度的人文精神，即人文关怀。人与环境的和谐，就是人与环境的平等地位的建立。人与自然共生共荣，应成为人类认识自然、利用自然的理论起点。

人作为万物之灵，有着无限的创造性，当然也有着强大的破坏力。人作为自然之子，他的生存与发展，无法脱离环境提供的资源与环境设置的限制。人类的创造力必须置于对自然的理性认知中，使创造成为真正的创造，而不是破坏；使人的活动成为有意义的文明创造行为，而不是自我毁灭的选择。

因此，环境不再是与人的设计行为分离的要素，它是构成人的设计系统的一个重要的无法分割的母体。人与环境是一个无法分离的整体。

工业设计的这种系统观，体现出设计哲学的追求：环境在，人则在；环境荣，人则荣。

2.5　走向不同民族间的文化对话

——我们，作为人文的工业设计家，应当通过制造文化间的对话为"文化共存"作贡献，同时尊重他们的多样性。

引自《2001汉城工业设计家宣言》

"我们，作为人文的工业设计家，应当通过制造文化间的对话为'文化共存'作贡献，同时尊重他们的多样性。"《宣言》中的这句话，至少传达出这样两个十分肯定的信息。

（1）关于"世界文化"的认知

《宣言》以十分肯定的态度表明，世界上存在着不同的文化，它们间的关系是"文化共存"的关系，而不是统一为一种文化，即所谓"世界文化"。尽管现代社会的发展，特别是互联网技术的发展，经济全球化已基本成为事实，技术全球化、文化全球化的讨论也正处于如火如荼中，似乎技术全球化、文化全球化即使不是指日可待，但也是在必然之中。但只要认真地思考一下，文化全球化即所谓"世界文化"是不可能实现的。因为不管社会如何变化，各民族的生存方式是不可能统一为一种模式的。既然生存方式无法统一，那么，仅仅就凭这一点，文化也就无法统一为一种全球普遍适合的某种模式，更不必说政治因素与价值体系的差异了。当然，《宣言》并未论证这一点，但却以"文化共存"、"文化间的对话"等这样明确的、肯定的用词，间接地传达出世界上的文化无法统一为一种文化模式的结论。

（2）设计对待文化的态度

《宣言》同样以十分明确的态度，表达设计"应当通过制造文化间的对话为'文化共存'作贡献，同时尊重他们的多样性。"

文化是共存的，设计必须尊重"共存"的事实。但文化又必须交流。

全球文化不可能统一为一种文化模式，并不否认不同文化间的交流与互渗。实际上，不同民族间的文化一直处于不停的交流与互渗中，这种交流与互渗都使得各方从对方民族文化中吸取对自己有用的营养，从而发展了本民族的文化。现代社会信息交流的极大便利性，使得不同文化间的交流更为便捷与频繁，文化间的趋同性成分也不断地增加。但是，一般来说，不同文化间的差异性并不完全消灭而统一为同一种文化模式，因为这种交流无法根本改变各民族的生存方式。

因此，设计师必须以设计"创造文化间的对话"，并"尊重他们的多样性"。

设计如何"对话"？如何"尊重"？最基本的一点，就是以产品使用民族的生存方式为出发点，以他们的生活模式、生活水平与行为方式等为设计原则，创造出适合他们生活的产品。

第**3**章

Chapter 3

工业设计的目的和本质

3.1 产品——人与自然的中介

什么是产品？产品就是"人有意识地运用技术和技术手段作用于自然或人工自然而产生的满足人或社会需要的第二自然物"[❶]。

当然，上述的"第二自然物"中的"能在两地移动的、可交换的人工物"才能称作为我们概念中的产品。

工具当然也属于产品，只不过工具是一种能够制造其他产品的产品。在一般意义上，它应该是先于相关产品诞生而诞生的。如一个台虎钳是一个工具，是加工其他产品的工具，但它自身也是产品。因为，在讨论产品及产品特征等

---

❶ 王德伟 著. 人工物引论. 哈尔滨：黑龙江人民出版社，2004: 52.

一系列问题时，这一产品是不是一种工具并不影响它作为产品存在的本质。

任何产品都是人和自然之间的中介。所谓中介，根据《辞海》中的定义，中介是"表征不同事物的间接联系或联系的间接性的哲学的概念"。❶ 所谓中介，就是中间物，是两者之间的联系者。

人需要通过中介才能与自然发生联系与"对话"，产生能量交换与信息交换。之所以需要中介，是因为人的结构（主要是生理结构）无法直接地与自然进行"对话"。也就是说，人无法直接通过自身肢体去改造自然，变化自然，使自然为人使用。因此，人只有通过能放大人的结构与力量的产品与自然进行"对话"，如挖掘机就放大了人的双手与力量，代替双手挖掘泥土。任何一件产品都可以说是人的器官的延伸与能力的放大：电视机是人的视觉、听觉感官功能的延伸，使人们能身临其境地了解发生在世界各地的信息；汽车是人的下肢的延伸，依靠它，人们才有可能以每小时 100 多公里的速度，快速、安全、舒适地移动到目的地；计算机是人脑的延伸，使人的记忆、计算、及其他种种思维的工作都可以借助它完成。

因此，人不必直接用手挖土，驱使比自己能力强大几百倍、几千倍的产品去与自然"对话"。在这里，挖掘机成为人与自然的典型的中介。

产品既然作为人与自然的中介，它必定具备联系两个事物的特性，即它必须既具备人的某些特征，同时又具备自然的特征。只有这样，才具备中介的性质。

作为成立且存在的产品，其中介的地位，要求它必须具备合规律性又合目的性的双重特性。合规律性，就是合自然科学的规律性，产品才能作为一个人工物制造生产出来，才能具备一定的功用效能，这是自然对它"提出"的要求；合目的性，就是合人与社会对产品需求目的性，产品才能作为一个人工物有必要地生产，否则就没有生产的必要性。这是人对它提出的要求。只有合规律性与合目的性的产品设计，才有可能、才有必要被创造出来。

产品作为人与自然进行"对话"的中介，意味着产品也就是人与自然相互作用的界面：人作用于产品，即操作产品，把人的指令通过产品界面上的相关元件输入产品，使产品做出反应而产生一定的动作，输出给环境。如人操作挖土机，挖土机通过自身的工作部件，进行掘土工作，是一个人作用于产品，然后产品作用于自然的极其典型的产品作为中介的工作范例。人与产品的关系必须是和谐的，这种和谐特征就成为产品这一"中介"设计的主要内容之一。

工业设计的目的之一，就是保证作为中介的产品具备与人关系的最大的和谐性，即人性特征，使产品在某种意义上，真正成为人的"肢体的延伸"。人的肢体是完全听从人的大脑意识的指挥而动作。产品的人性特征，首先是具备完全听命于人的指挥的肢体特征。除此之外，产品作为"第二自然"的组成物，

❶　上海辞书出版社辞海编辑委员会. 辞海 1989 版. 缩印本：1583.

还必须具备人对产品的在其他方面种种需求。这样，产品的设计就是一项针对满足人的多项需求的复杂而又系统的创造活动。

3.2　工业设计的目的

关于工业设计的目的，在众多不同的工业设计定义中并没有以明确的用词予以清晰的表述。但是工业设计的各种不同的定义，不管其侧重面如何，实际上都包含着工业设计的目的。

工业设计的目的可以表述为：以设计物为对象，以"人—设计目标—环境"系统最优为原则，寻求设计物的解决方案。

设计物即设计对象。工业设计对自己设计对象的界定，是一个动态发展的过程，呈现出一定的复杂性。这一种复杂性使得人们对工业设计研究对象的认知、工业设计目的认知以及工业设计本质认知等产生模糊性，关于这一点，将在后边相关章节中予以讨论，此处不作展开。但在本书以及在这里，我们把设计物首先界定为物质化与非物质化的工业品，还是合适的，因为在现代工业社会，物质化与非物质化的工业产品构成了工业设计研究对象的主体。为了叙述的方便，本书把设计物、设计对象通称为产品。

根据《2001汉城工业设计家宣言》对工业设计的表述，产品包括物质产品与非物质产品，可以是工业化产品，也可以是非工业化产品，甚至还可以包括为解决某种问题的"设计"的"策略与方法"。如银行推出各种为社会提供服务的"产品"，就是一种非物质的非工业化的产品，是为社会提供服务的金融计划与理财策划。计算机软件，也是一种非物质化产品。

产品无论是在作为产品制造加工生产过程，在作为商品的流通过程，还是在作为用品在消费者手中的使用过程，以及作为废品的废弃过程，产品都与周围环境（社会环境和自然环境）、与人有着密不可分的关系。可以说，产品设计从来都不是一个仅仅局限于产品自身内部的、封闭的"自我建构"的行为，而是在系统内受其他两大要素（人与环境）约束与限制的结果。因此，产品设计是完全"他律"作用下的必然，产品设计是系统的设计，是在"人—设计物—环境"系统中的求解行为。

产品设计作为一种系统中的求解行为，还应该是在系统最优化原则下的求解活动。

系统论的核心与根本出发点，就是求取系统整体的最优化。系统中的各个子系统效率不是越高越好，因为任何系统中的子系统都是相互影响、相互制约的。因此，系统论认为，系统效率不等于若干子系统效率的简单相加：1+1=2。子系统效率的相加可以大于2，也可以小于2，甚至少于1。求取系统的最优化，即系统效率的最大化，是系统论的根本原则与基本出发点。工业设计引进了系统论思想与方法，使工业设计从艺术造型的经验论、灵感论发展为可控的科学论。可以说工业设计的一个重要特征就是运用系统论观念、思想与方法，在这个思想指导下，构成该系统的人、产品、与环境都是子系统。产品设计就是使产品这个子系统与人、环境组成系统，必须达到系统最优化的目的。

也就是说，产品设计中，作为子系统的产品本身即使达到了其最优化与最大效率，或最先进的技术水平等，都不一定意味着整个系统达到最优化，这样的产品设计，即使具备先进的技术含量，也未必是最合理的产品设计。

如餐馆使用的一次性卫生筷，假设一次性卫生筷确实不带菌，卫生完全符合标准，但是，餐厅使用的碗碟、汤勺等由于消毒不卫生，那么在一个人整个用餐系统中，尽管只作为子系统之一的筷子绝对卫生，整个系统最后的结构显然仍然是不卫生的。再如，当一辆小车设计十分理想：有十分保险的安全设施，有良好的动力产生速度，这样优秀的子系统与驾驶技术不合格的驾驶员（人），高低不平、急转弯多却狭窄的道路（环境）组成的系统，也难以发挥整个系统的高效而安全的运输效果。如此优秀的子系统也难发挥其所有的潜能。

因此，产品设计不是产品自身封闭系统的"自我完善"的行为，它的设计是开放的。它向人开放，向环境开放，把整个系统中其他子系统的对它的约束与制约，及时反应在自身身上，最终使子系统的效率相加与整合，达到"一加一大于二"的系统最优化的目的。

3.3 工业设计的本质

3.3.1 工业设计的本质

工业设计的本质是：创造更合理的生活方式，全面提升人的生活质量。

对于工业设计的本质，一直存在着很多争论。大多数都把其定位在产品设计的目的，即物的创造上。从表面上看，这并没有什么不对之处，但只要把"造物"的目的与人联系起来考察，就可以发现，把设计的本质定位在造物的层面上，是一种肤浅的认识。

产品设计的对象即目的物是产品，因此把工业设计目的归结为造物，是合理的。但是本质与目的不同，差异性就在于设计目的是行为的作用物，是人们设计行为连接的对象，就像冰箱设计的目的物自然是冰箱，把冰箱设计好当然是冰箱设计的目的。

但是本质就有差异。所谓本质就是某一事物及行为的根本属性与特质。设计的本质，就是研究设计作为人类的创造行为与创造结果所产生的最终影响的对象与最终影响程度。

工业设计的对象虽然是产品，但是所有的产品都是为人所使用的。设计师设计了一个产品，也就把人使用这个产品的方式及与该产品相联系的某一生活方式也固定下来，容不得消费者的任何改变。任何人只要使用这个产品，那他的某一种的生活方式与操作方式也就无法根据自己习惯、自己的特有方式与爱好进行修改与选择，无一例外地遵照设计规定的模式予以接受。从这一点上说，强调设计师在设计行为展开之前，必须对消费者的生活形态、生活模式、生活方式与行为特征进行尽可能详尽地、细致地调查与归纳，以便使设计的产品能更适合使用者的生活方式与行为方式。

人们已经完全生活在由人类自身设计的产品所构成的"第二自然"之中，就连窗外栽种的绿植，都是"第二自然"构成部分，因为它们经过人类的修剪与整治。周围环境中栽种的各种树木花草都按照人们希望的形态生长，因而在一定程度上，具有"产品"的特征。人可以一天不去公园或大自然的"第一自然"环境中，但是无法远离"第二自然"一天。因为正是"第二自然"支撑、维持着每天每时的生活。"第二自然"的定义就是利用"第二自然"的中介性联系着"第一自然"。

人们生存活动的任何一项内容，几乎都涉及构成"第二自然"的各种产品。也就是说，人类的每一种行为活动，都使用相应的产品去达到自己的行为目的：吃饭用的餐具，写字用的钢笔，休闲坐的座椅，甚至欣赏演出时用的望远镜……只有呼吸空气时，似乎才不用任何工具，但是，当遇到污染的空气与沙尘暴，你还要带上口罩与眼镜！

一个产品规定了你使用它时的某种生活与操作方式，使用 100 种产品就规定了几乎所有的生活方式和行为方式。推而广之，人的全部生活方式与行为方式，无一例外是由人设计的产品所规定的！

因此，设计产品，就是设计生活方式，这就是工业设计的本质所在。表面上，设计仅仅涉及产品，是设计作为物的各类产品的功能、结构形式与审美形式等，但其本质上，却是设计了人的生活方式。

从设计目的指向的物到设计本质指向的人，反映了工业设计的哲理之光：人造的物规定着造物的人，造物的人既规定着物的存在方式，也规定着人的生存方式。因此，工业设计的本质反映出设计的人对人的根本态度。作为物的产品，其存在的形态是物的客体的构成，其意义形态则是人的生命过程与生命构成。

工业设计的目的与本质，从物到人的变换，深刻地体现了文化哲学中手段与目的的关系：手段为目的服务。在这里，工业设计的本质就是目的，目的始终是第一位的，是根本的，一旦确立就不可改变。工业设计的造物目的作为手段，是第二位的，是服务于目的的，手段可以选择，可以变更。

3.3.2 生存方式的概念与性质

3.3.2.1 生存方式的概念

生存方式是人的生产方式、劳动方式、学习方式与生活方式等人类活动方式的总和。而生活方式领域又包括含义十分丰富的、具体的各种生活式样，如休闲方式、娱乐方式、饮食方式、社交方式、信息传递方式等。

在日常生活中，通常提得最多的是生活方式。由于生活方式涉及面广，又是人的生存方式中最具有活跃性、最易变异的活动方式，因此，它又可以在一定程度上较完整地体现出社会文化的特征。在另一方面，人类设计的产品，也在种类与数量上用于生活活动领域为最多。因此，在研究产品设计对生存方式的影响，以及生存方式对产品设计的影响的时候，某种程度上，可用生活方式代替生存方式。但是有一点必须明确，生存方式与生活方式的概念、范畴是有着区别的。

生存方式，是指在不同的社会和时代中，人们在一定的社会条件制约下及在一定的价值观指导下，所形成的满足自身需要的生存活动形式和行为特征的总和。或者说是：一定范围的社会成员在生存过程中形成的全部稳定的活动形式的体系。根据这样的界定，生存方式的概念构成包括三个部分：① 生存活动条件，即生存活动涉及的环境、地理、气候等自然条件和经济社会发展水平、环境设施建设、文化传统和特点等社会条件。② 生存活动主体——人。生存方式体现为具有一定文化取向和价值观念的人的主体活动。文化、价值观念因素往往在生存方式的构成要素中占有核心的地位，从这个意义上讲，生存方式又可以理解为人们依据一定的文化模式对社会所提供的以物质的、精神的和社会的形态存在的生存资源进行配置的方式。③ 生存活动形式。即生存活动条件和生存活动主体相互作用所外显出的一定行为模式，这种行为模式构成了一种生存方式不同于另一种生存方式的标志。生存活动的主体是生存方式结构中最核心的部分，生存方式的主体可以是人，也可以是家庭群体乃至一个社会、人类共同体等。

生存方式是一个综合的概念，因此对生存方式的考察往往从不同角度对生存方式进行分类后再做具体研究。比如从生存方式主体角度可以在社会、群体、个体三个层面对生存方式进行分析研究；从人类社会相继演进的社会形态角度可以分为原始社会生存方式、农业社会生存方式、工业社会生存方式以及信息社会或知识社会生存方式；从人的生命周期角度可以分为少年儿童生存方式、青年生存方式、中年生存方式、老年生存方式等。还可以从性别、民族特点、职业、个人与社会的关系等多种角度作许多分类。

在生存方式主体的结构中又有社会意识形态要素、社会心理要素和个人心理要素在三个不同层面起着作用。对人生活行为起重要调节作用的是价值观念，这亦是生活活动的主要动因之一，在一定意义上生活方式就是由一定的价值观所支配的主体活动形式。生存方式的条件构成了生存方式的基础，包括自然环境和社会环境两大部分。社会环境有宏观和微观的区别，宏观社会环境包括社会生产力、生产关系、社会结构、文化等诸要素；微观社会环境包括具体的劳动生产和生活环境，个人收入消费水平、住宅、社会公共设施的利用等。社会环境决定和影响着人生存方式的形成和选择，也决定了人与人、民族及时代在生存方式上的差异性。生存活动形式是指生存活动行为的样式、模式，是具体可见的。生存方式的风格特征主要是通过具体的行为样式而表现出来的。

3.3.2.2 生存方式的性质

① 从哲学上说，人的生存就包含着人的发展的含义

也就是说，生存方式既包括共时态的概念，也包括历时态的概念。人作为生命的人自然也是发展的人。"生存"不仅仅是"存在着"，还必须是"生命地发展着"，两者的结合是人的生命的意义。因此人的生存方式就包含着人不仅作为"生命的存在"，且作为"生命的发展"的双重含义。指出并明确这一点对于工业设计来说，十分重要。设计的意义不仅仅是维持生命的存在，还必须支持着生命的发展。从某种意义上说，前者较为直观，后者则较为隐蔽；前者容易实现，后者则难度较大。但无论是在哲学上还是设计中，"发展"都要比"存在"意义更重大。

无论是生产方式还是活动方式，都不是一种行为动作表现，而是针对某种目的而采取的一系列的连贯动作的行为方式。

② 生存方式是生存方法与行为的综合，也是特定历史条件下社会文化的综合反映。

方法是解决问题的方案和办法。行为是指生物以外部活动和内部活动为中介，与周围环境的相互作用。外部活动称为生物的外部动作，内部活动称为心理活动。

人的行为有其自然（即生理）前提，但基本上受社会制约、以符号为中介的活动。因此，人的行为具有生理性，但更具备文化性。人的所有文化性活动，都是以符号为中介的活动，离开符号，人的文化活动就无法进行。

人的行为分个体行为和群体行为。个体行为的特征是完全依赖于个人及所属的群体的相互关系的性质，群体行为则成为规范价值定向的角色作用。

③ 生存方式是人类在特定的历史条件下社会文化的综合反映。

一个民族的全部生活方式就是这个民族的文化。这里的"全部生活方式"就是生存方式。

因此，一个民族的文化可以表现为这个民族的各种生活方式，而"全部生活方式"即生存方式可以体现出这个民族的文化。

如信息传递的方法的变化就反映出不同历史条件下社会文化的发展：

在人类初期，依靠动作传递信息；

在人类语言出现以后，主要依靠语言传递信息；

在人类文字出现以后，主要依靠语言与文字传递信息，文字可以记录并保留语言而使传播与流传；

在近代，依靠电报电话传递信息，后来出现录音机，可以记录并保留语音并使得方便传播；

在现代，依靠可视电话、传真、网络、电子邮件与网络传播信息。

3.3.2.3　生存方式的合理性

生产方式有合理与不合理之分，即生存方式的先进性与落后性。工业设计把创造更合理的生存方式作为自己本质所在，体现出工业设计的文化特质。

工业设计创造了产品，也创造了人的生存方式，这在前面已有论述。在某种意义上说，设计创造生存方式是一种必然的结果。创造更合理的生存方式，则是设计的文化构建功能与文化使命。

（1）"合理"的变化性原则——设计的有限性原理

人类每一次设计活动的结果，都使产品比上一代的产品更合理，即技术上更先进，功能上更高效，使用上更方便等。"更合理"是一种辩证的说法：这一次比上一次"更合理"，因为"合理"的概念是动态发展的，今天的合理，明天就可能变成不合理。因此，工业设计的每一次创造，都只能是比上一次更合理，而无法做到永远合理，因而，工业设计是具有有限性的设计活动。

设计的有限性原理源于人的认知的相对性。

人作为有生命的物种，由于文化的相对性，导致认知的相对性。工业设计思维中，设计的创造性与理想性是设计行为的重要性质，任何设计都意味着超越现实，都是对事物、对社会、对人生的更好状态的一种期望和追求。但是，设计是人为的结果，既然是人为的，就无法避免人自身认知的相对性，即总是带有一定的历史的局限性。自然本身经过千百万年的演化和进化，这千百万年的时间足够让自然的机理进步到合理的地步。而人为的状态，由于受制于人的生命的短暂和经验、知识的有限性，甚至还有文化和价值上的偏见，所以，人的任何决定和设计都免不了匆忙片面。

计算机"千年虫"事件充分证明了设计中的有限性的存在。计算机在技术和日常生活中的应用只有几十年，但是在过去的几十年中，"千年虫"给人类带来的危机感实在是太严重了。捉拿"千年虫"，全球耗费了大量的资金。"千年虫"的产生，据解释，是因为20世纪60年代的电脑硬件比较落后，为了节省内存，加快运算速度，科学家编程时把时钟按习惯以2位数代表年份，而把前两位的世纪位固定在芯片中，电脑启动时把年份和世纪位合并成4位完整年份。据说，当时确有一些专家提出质疑，认为这种处理方法会混淆2000年和1900年。但是，当时更普遍的看法是，软件的寿命不会那么长，随着软件的更新换代，这种"小"问题自然会解决。更让科学家们意想不到的是，计算机的普及速度如此之快。"千年虫"问题，是人类在无意中创造的"魔鬼"，它伴随着计算机技术急速的步伐，步入人类技术的各个角落，对人类的生存构成严重的威胁。一种初看如此简单的技术，险些酿成人类的巨大灾难。

设计的有限性还决定了在设计过程中，必须对设计的传统和文化的传统表示足够的尊重，这正如贝塔朗菲所说的，知识的局限性同时也决定着知识的尊严。

设计的有限性原理决定了设计在任何时候，都是寻求"满意"结果而非求"最优"结果的活动。关于这一点，将在后面的"工业设计的特征"予以进一步讨论。

(2)"合理"的综合性原则——设计的系统性原理

生产方式的合理性，是一个综合的概念，即在"人—设计物—环境"系统中综合衡量与评价的结果，而不是系统中某一子系统考量的结论。

对生存方式设计的评价，人们一般往往从人的需求，甚至某一方面的单项需求来认定其是否具备合理性。比如，从人对安逸的需求、休闲的需求，高效的需求，体力解放的需求等，不习惯于从系统整体性角度进行综合的评价。这将导致设计作品经常发生这种情况：解决了这方面的问题，但产生了更多的其他方面的问题。

因此，从系统出发对生存方式进行评价，才有可能得出"合理"还是"不合理"的准确结论；运用系统论观念，才有可能引导工业设计走上系统科学之路。

有一个城市，开通了从某一名校到市中心的公交线路。为了提高公交的技术含量，也为了更人性化，在公交车与每个车站安装了卫星定位系统装置。每一个乘客在该线路的每个一公交站点候车时，都会随时看到下一班车到达本站还有多少时间的信息，这无疑是极具人性化的设计。但是乘客并不满意，他们提出，与其花钱安装卫星定位系统，还不如投资买一二辆公交车投入该线路运行，缩短乘客在站上等候的时间，这更人性化。

这个例子极具设计系统论的色彩。这个关系到公交乘客的"出行方式"，其"合理性"，即人性化的评价在公交公司与乘客是不一样的。或许公交公司有资金困难因素，在这里不评价具体事例的谁是谁非，只是作一个假设，即在资金不存在困难的情况下，对两种"人性化"观念比较，从中得到一些系统论观念下的设计合理性问题。公交公司的"人性化"，体现为让乘客了解下班车何时到的信息，乘客要求的"人性化"是尽可能缩短候车的时间。很明显，后者的"人性化"较前者的"人性化"更合理。

(3)生存方式的合理性

生存方式的合理性，具有四个方面的特征。它们是合客观规律性之"理"、合时代观念之"理"、合社会准则之"理"与合人类理想之"理"。

自然规律是不变的，变的是人对自然规律的探索和认知。人在不断实践过程中，不断提升着、加深着对自然界这一黑箱的了解与认识，因而技术手段也在不断变化与发展。因此，设计创造符合"自然规律性"，就是时时以整个人类社会对自然规律的新认知及新技术为手段，不断创造着具有高技术含量的产品。

社会准则，既包括法律规范又包括伦理与道德的规范。前者以刚性的行为规范，规定着人的一切活动的法律底线，后者则以软性的行为规范，筑起道德与良知的心理防线。随着社会的进步、文化的发展，社会准则也在不断调整着自己的规范。因此，合"社会准则"就是合不断发展着的社会准则，将社会对人、对群体的行为规范及时反映到设计创造中，使产品体现出更高的伦理道德水准，体现出人与人、人与社会、人与环境的和谐共处的设计发展方向。所谓设计的品味，更大程度上是体现于设计所蕴含的伦理道德水准。

时代观念，是社会文化在一个时代给人们打上的文化观念烙印。不同的时代有着不同的观念。观念包括价值体系、审美观念、社会风俗等。合时代观念，就是要求产品设计紧随社会文化的发展与时代观念的变更，满足人们对产品时代感的追求。实际上，产品的时代特征已成为产品更新换代的主要因素，也成为现代企业利润创造的主要手段。

为人服务是工业设计永恒的主题。因此，人类理想，即人类发展的方向永远规定着工业设计的发展方向，也引导着产品设计的合理性的走向。生存方式的先进性与落后性很大程度上由人类发展方向规定的。

3.3.3 消费——生存方式的象征

生存方式在一定意义上表现为一种人类的消费方式，一种对产品的消费方式。产品设计和生产实际上是直接为消费服务的，因此，生存方式与产品的设计与生产密切相关。

当代西方学者将对消费和消费方式的研究作为研究生存方式的重要手段和内容。韦伯曾指出，特定的生存方式表现为消费商品的特定规律，所以研究商品消费可以认识生存方式。一定的产品为一定地位的群体所消费，这种"地位群体"的消费无疑给相应的产品打上了"地位群体"生存方式的烙印，这在西方现代产品设计中是一个十分普遍的现象。一方面是"我买什么，则我是什么"，名牌的购买和使用行为成为一种身份地位的象征；另一方面，产品的设计总是针对特定的消费群体的，即使是主张面向大众的现代设计，其真正的现代意义上的产品尤其是具有前卫性的设计产品，其消费对象主要是富裕的、文化层次高的有闲阶级。经济学家凡勃伦在《有闲阶级论》中已经深刻地揭示这一点，他认为，有闲阶级把钱投入象征他们高人一等的实物（产品）消费即所谓"炫耀性消费",这种消费并不是维持生活的,而是特殊化的。

对于消费的这种特殊现象,法国当代著名的社会学家鲍德里拉德认为当代消费已成为工业文明特别是发达资本主义社会的独特生存方式,而不是一种满足需要的过程。因此,消费成为一种系统的象征行为,这种消费行为不以商品的实物为消费对象,商品的实物仅是消费的前提条件,是需要和满足所凭借的对象,即实物是象征的媒介,象征为主,实物与象征结合才构成完整的消费对象。这里,消费成了一种操作商品实物以及人们赋予其符号意义的系统行为。在这一意义上,产品设计所完成和创造的就不仅仅是它的使用价值,而是通过品牌、标志甚至通过精心、高雅的特殊设计本身,赋予产品的一种高价的品质和形象,以满足一部分人的上述消费需求。鲍德里拉德这些社会学家们虽然认为消费者消费的不是商品本身,而是一种关系、一种象征价值,但这种关系和象征价值不是与商品无关,而是商品本身的高品质、高价格等特性决定的。为了获得这种特殊性,设计成了其最得力的工具。一件不同凡响的经过精心设计的作品,一个非凡的创意、一个区别于已有产品的新的形象或由这些新的创意所形成的新的符号系统都为特定消费者的选择提供了条件和依据。20世纪西方发达国家真正现代的、前卫的设计作品,总是高价的、数量稀少并仅为少数阶层接受和消费的东西。

在一定意义上,不同凡响的设计本身就为产品建立了一个外在的显著的符号形象,消费者选择的不是商品实物,而选择的是设计,正是这种设计使消费者获得了消费的象征价值,即设计使消费对象变成符号,设计的过程是对象符号化的过程。

一位西方国家著名的投资银行家曾说过:"买衣服仅仅是因为有用,买吃的只是考虑经济条件的许可和食品营养价值,购买汽车仅仅是由于必须并力争开上十到十五年,那么需求就太有限了。如果市场能由新的样式、新观念和新风格来决定,将会出现什么样的情况呢?"他所期望的当然是不断追求新商品、新品牌、新设计的消费。在这种大众消费的态势中,不仅设计之美成了不会说话的推销员,设计本身也被市场化和工具化——不能不说这正是设计的异化的表现。

但是,换一个角度来观察,除去设计被完全异化为社会某一部分群体地位消费的工具外,满足人们对新商品、新品牌、新设计,乃至新款式、前卫风格消费的设计,何尝又不是工业设计的使命内容呢。

3.3.4 工业设计——生存方式的设计

消费与设计的关系实际上是设计与生存方式的关系。著名设计师索特萨斯曾说过,设计是生活方式的设计。如果联系到消费中的象征价值,这种所谓的生存方式的设计包含了三方面的内容或意义。

① 产品设计中的使用方式或新产品导致人的使用方式的改变，使用方式是生存方式的一部分。

② 设计本身赋予产品以符号的结构和象征价值，使产品的消费成为一种象征价值的消费。这是另一层面上的生存方式的设计。对于设计而言，设计不仅要关注实用功能的使用价值，还要关注精神价值或者说象征价值。从这一角度来回顾 20 世纪的设计史，可以清晰地看到，设计从一开始为企业家所重视，成为市场开拓、市场竞争的工具，其中已经包含着设计所能够创造出并赋予产品的那种超越实用价值之上的象征价值的能力，这也是工业设计被企业家和市场所重视的原因之一。在未来的社会中，设计的这一功能将会继续被强化，这种强化与设计的精神功能的增加以及符号化手段的增强成互动关系。

③ 产品实用功能决定或影响着人的生存方式、劳动方式及生活方式的物质内容。也就是说，设计，已在某种意义上，决定与影响着人的生存与生存的式样。在这里，"生存"的含义仅指谋生的手段与方法，以及满足生活需求的内容与式样。

产品给人的生存方式提供了物质基础，是生存方式结构要素中环境要素的重要组成部分，也是影响生存活动形式的重要物质力量。自古以来，这一物质的基础始终发挥着重要的作用，而且会通过自身品质和形式的变化，产生更大的影响，甚至成生活方式的表征之一。

设计在某种意义上，决定和影响着人的生存和生活的样式，似乎在表面上过分夸大设计的作用，是对设计与生存式样的颠倒。确实，是人及社会的谋生手段与方式决定了产品的设计，使设计的产品有助于特定历史条件下人类的谋生方式。如远古时代，狩猎和采集的谋生手段与方法，促使人们设计出有助于这种生产方式与劳动方式的产品来作为工具。因此，石器、青铜器、木器如箭、弓、矛、加工过的石块及石片，成了狩猎与采集劳动必不可少的工具。但是反过来，也可以认为，正是这些工具，强化了人类远古时代的狩猎与采集的生活方式与劳动方式。理解这一点十分重要，"设计是对人的生存方式的设计"这一个命题很大程度上是建立在这一点基础上的。

"设计是人的生存方式的设计"，既包括设计规定并固化了人的操作行为与方式，包括设计所赋予产品的审美价值与象征价值，更应该包括设计赋予产品物质效用功能而规定了人的生存活动的式样。恰恰是后者，在本质上体现了设计对生存方式的影响。设计本质的界定，在很大程度上建立在这一个基础之上。

20 世纪人类的"互联网"，对当今人类生存方式的革命性影响，就是一个典型的"设计赋予、规定人的生存活动的式样"的实例。

建立在数字化技术基础之上的互联网，是人类在 20 世纪的一个伟大发明。这一个产品对社会、文化的影响，集中地表现在正在被称之为"网络社会"、

"网络文化"等一系列新词汇中。建立在互联网这一产品上的人类新的生存方式，如"电子商务"、"网络会议"、"网络直播"、"网络电影"、"网上聊天"及"网络游戏"等，正在改变或已经改变人们原有的交易方式、会议方式、新闻播放方式、电影欣赏方式、聊天方式及游戏方式等。这一切，正是互联网这个产品""所带来的根本性的革命，塑造出 20 世纪开始的人类新型的生存方式。

3.3.5　创造——工业设计的灵魂

"设计是人的生存方式的设计"的另一种表述是"设计是生存方式的创造"。后一种表述强化了设计的创造性特征，虽然设计本身就是创造。

强化设计的创造特征，或者说在字面上明确表达设计的创造内涵，其目的是把设计与创造建立直接的关系，这就是，设计的本质就是创造，创造是设计的灵魂。

3.3.5.1　产品设计创造的内容与层次

按照工业设计对人的生存方式设计的本质，工业设计产品创造的内容可分为三个方面，它们由表及里地表现为三个层次。

（1）产品形式的创造

由产品形态、材质与肌理、色彩三大造型要素共同创造的产品形式，以人的视觉与触觉等感觉通道所接受的信息，给人们以一定的认知、审美感受与象征感受，这就是产品形式创造的意义。

无论是功能主义时期的"形式追随功能"，还是后现代时期甚至今天有人宣称的"形式追随感觉"，都表现了形式创造的不可或缺以及形式创造对人的生存意义。产品形式不是没有任何意义的材料堆砌，也不是产品结构的自然主义的表达，产品形式应该是一种符号，而且必须是一种符号。因为即使不让它成为符号，它必定还是一种符号，只不过这一个"符号"所表述的内容不同而已。这就像物质性产品必定具有形式的原理，有功能而无形式的物质产品是无法理解的。

产品形式作为符号，其审美功能与符号功能的创造是产品形式创造的全部内容，产品符号功能的创造包含两个方面，即认知功能与象征功能。

认知功能是指产品符号设计"表述"出产品的物质使用功能的内容，象征功能则能"表述"出功能的级次与产品的品质。在这里可以发现，产品的形式创造，不仅仅是创造出一个赏心悦目的审美形式，还必须创造出如同文字一样的、表达一定意义的符号。如果说前者的创造依据的是形式美学的话，那么后者的创造则是依据符号学中的科学方法。这里所说的"科学"方法，是指符号的创造不是设计师个人审美观、艺术观的表达，他必须依据符号的传播准则进行编码设计。这种编码不像一般科学那样——科学与技术的符号的创造与使用具有社会性的约定俗成的准则，而设计的符号创造，其"准则"是存在的，但不是一般意义上的准则，而是一种非社会性约定俗成的、但是符合大多数人的认知心理的认知规律。且这种认知心理与认知规律必须通过调查、比较与实验等过程才能进入使用。从这一点来说，这一个"准则"具有较大的复杂性与一定的不确定性。产品设计作为符号的设计的复杂性与难度就在这里。

因此，把工业设计理解为产品造型设计的初期工业设计思想，仅仅是把造型设计理解为形式的审美设计，而不涉及产品形式作为符号意义的功能创造。这一点相对于就是在产品形式层次创造的完整含义来说，也存在着相当大的距离，因此，工业设计的"造型论"离开工业设计的本质是多么遥远的了。

（2）产品方式的创造

产品方式的创造是产品的操作方式创造。

产品物质使用功能的顺利与高效发挥，依赖于产品的操作功能的科学性设计。虽然现代产品的自动化程度大大提高，无需像机械化时代，必须通过一连串的、复杂的操作动作才能使产品的物质效用功能得以充分发挥。但是，即使是自动化程度较高的产品，同样存在着操作方式的科学性设计的问题。

产品操作功能设计的科学性，必须依据符号学与人机工程学的相关研究成果，作为科学设计的基础。

操作功能设计的符号学原理，表现在"如何操作"的表达上。这种"表达"主要是指，如何通过产品界面上控制部件的形状与人的肢体形状的相关性，暗示出特定的使用方法，如按、压、转、推、拉、拔等。当然，对使用方式的表述，还应该通过文字与相关的图形色彩设计配合说明与提示。操作方式信息的适当冗余，有助于不同认知心理、使用经验的人群都能方便、准确地掌握操作方式。如用文字、图形、部件的相关形状这三种编码方式，同时交代出相关的使用方式，适合不同人群的使用要求。

操作方式的人机工程学原理，表现在人与产品之间的关系设计中，在生理、心理上的和谐性与高效性。

在工业设计中，人机工程学处理人机协调关系，使系统达到最优化的一个重要的学科。它主要研究人在某种工作环境中的解剖学、生理学和心理学时的多种因素，研究人和机器以及环境的相互作用；以及在工作中、家庭生活中和休闲中怎样考虑工作效率、人的健康、安全问题等。

产品的操作方式设计，应该包括如下几个方面。

① 人向产品的控制部件施加动作，达到精确控制产品运行状态的目的。

产品的人机界面设计要符合人的行为动作的要求，保证以最简单的动作、最短的时间、最小的力以及最小的注意力达到高效的控制目的。连续操作的动作、界面的控制元件的位置应保证操作动作路径简洁、不重复、符合一定的动作逻辑顺序，尽量避免动作路径的交叉与重复。

② 产品至人的信息传达设计、应保证人的视觉与听觉能较易辨识、且辨

识的效率较高。

③ 产品操作方法设计必须符合群体中大部分人动作行为的特征与习惯。不要轻易采用通过"培训"的方法使使用者掌握操作方式，否则，破坏了人们的动作行为习惯。因为，在紧急状态下，人的行为习惯动作会自然出现，导致误操作而产生严重后果。

④ 操作产品的过程，就是对产品品质的体验过程。因此操作方式的设计，关系到产品使用、体验过程的美感。这种美感既来自于产品技术设计与产品品质的优良，也来自于人与产品之间人机关系的科学设计。

因此，如果从美学的角度考察产品操作方式的设计，在某种意义上，操作方式设计决定着人对产品的综合美感。

产品的审美方式是静穆的观照与动态的操作体验的结合，而以操作体验为主。

艺术品的审美方式是静穆的观照，这种观照可以说是创造者与观赏者在精神上的交流。因为艺术作品作为人的创造物必然渗透着创造者的思想情绪。观赏者与艺术作品的情感交流一方面是观赏者自身情感的投射，另一方面观赏者也接受观赏对象的情感激发和思想启迪。

这种欣赏方式在审美中具有普遍的意义，在产品美的欣赏中也具有这个特点，只不过设计师的情感在此变成了公众的共同情感和共同期望。然而产品并不是专用来作欣赏的。产品只有进入使用、消费的领域，它才能完成其最终的价值。因而对于工业产品的评价显然也必须包括使用、操作过程中的评价。事实上也只有在使用、操作过程中才能最终确定工业产品的功能价值和设计水平，才能形成对产品的综合感受。这种综合感受构成了工业产品审美评价的核心，它无疑决定着个体和工业产品之间的情感关系。事实上，在静穆观照层次获得印象也必须在动态的操作中加以验证。因为对工业产品的"观照"是有功利的。对有功利目的要求的产品的审美仅仅依靠静穆的观照是不行的，只有将其与操作性体验结合起来才能实现对产品美的欣赏。这正是产品审美的独特之处。

关于产品美的观照不像艺术美的欣赏那样，这不仅仅是针对产品的形式要素和结构特点而言的。毫无疑问，产品的形式和结构特点是首先被感受到并给予评价，但是对产品的欣赏不只是将欣赏者所具有的对形式美的固有感情投射到产品上去，而且还要将欣赏者自身对产品的认知，如对产品效能的主观判断以及对产品的技术含量的估计融合进去，因而这种观照不只是对产品外观形式美的欣赏，更是对产品技术性的评判。

操作层次也不只是与对产品功能的评估有关。操作实际上是人机之间的"对话"与交流，它通过人机界面来实现对产品的控制，因而人机界面特征在很大程度上影响到操作时的感受。而人机界面从设计的角度来说，主要是由产品的外形所决定的，因而操作过程中的感受也包含对产品形式要素的评价，而且应当是更加本质的评价。

还应该值得指出的是：尽管产品的审美方式是静穆的观照与动态的操作性体验二者的结合，但由于产品毕竟是用品而不是陈列品、装饰品，因而操作性体验在两种审美方式中占据主导地位。也就是说，产品操作性体验所获得的美感应该是构成人对产品审美的综合感觉的主要部分，而不是外观形式美，因此，把产品美的创造全部归于产品形式美的创造，是一种对产品设计本质的错误认知的表现。

（3）产品物质效用功能的创造

一般认为，产品的物质效用功能是由工程师创造的，一切产品的物质效用功能的创造者都属于工程技术的范畴，不属于工业设计的内容。而工业设计则是操作方式与审美价值、象征价值的创造。这是社会及设计界目前对工业设计的普遍认识。

设计在产品创造过程的初期就发挥了它的重要的作用，这就是产品物质使用功能的创造。"创造"中的"创"，指的是创意、创新、想象、构想，"造"主要是建造、制造与构造等。因此在任何一个新产品创造的过程中，应该分为"创意"和"构造"两大部分。"创意"既包括对准备"构造"的产品进行构思、设计及规划，更主要包括对这种构想设计及规划方向的选择与把握，以及对可使用的技术方案的人文化筛选。

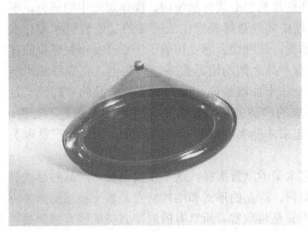

图 3-1　淡水蒸馏器

这是一个能在 24 小时之内制造出 1～1.5 升淡水的圆锥形蒸馏集露器（蒸馏器），热带贫困地区常常不得不以海水或脏水为生活用水，这个产品就是为解决这些地区的中期供水问题而开发的，它也可以被用作其他地区发生灾害时的救急设备，利用太阳能来实现蒸发和浓缩，从而提取淡水是它的基本设计原理，使用 2～3 个该设备就可以积存一个人一天所需的用水量。这一产品的创造对于沙漠、热带贫困地区，灾害地区人们的意义是显而易见的（本产品获 2002 比利时—欧洲设计奖）

工程师工作的内容是解决"如何造出产品"问题，设计师则解决"造什么样的产品"以及"为什么造这样的产品"问题。在这里，并不是说工程师不应该解决设计师所应解决的问题，而是说，目前工程师的知识结构不是专用来解决设计师所解决的问题，即使在今天，机械、电子、信息等工程技术学科的工程师们，还没有相应的知识结构与知识储备来解决人与物之间的关系，他们的知识结构与知识储备主要是用来解决物与物之间的关系。现代社会的文化结构中，一般产品使用的技术已经不是什么高不可攀的、无法逾越的屏障，倒是产品的方向抉择与技术方案的人文思考与选择，越来越成为产品开发中的重要问题。如"洗衣机"这一产品的开发可说明这一点。对"洗衣"的需求，几乎为全人类所共有。因此，对于洗衣机，它应该说是每个家庭的必须品。洗衣机的技术方案与制造，当然是工程师的工作范畴，但是洗衣机这一个产品的最初概念的提出是与环境密切相关的，是一个纯属创意的、非技术性质的决策行为与选择行为。

　　人穿衣服的动机是保暖与遮羞，当然也包括美化。穿脏的衣服会使身体感到不适，进而危害健康，更影响社会交往。因此，种种原因使人们必须穿干净衣服。解决穿干净衣服的方法有三种可能：一是天天穿新衣服，因为新衣服总是干净的；二是穿永远不会脏的衣服；三是穿穿脏后但可以净化的衣服。在这三种方法中，第一种方法，至少在目前，每个人都承担不起这种经济负担，且环境与资源也不允许使用这种方法解决这个问题，只能在局部状况下使用，如一次性内衣；第二种方法，由于技术原因，尚未开发出此类面料，至少目前不具备可行性；只有第三种方法可行。净化脏衣服的途径又有很多种：依据介质不同可分为汽油洗的、水洗的，那么能否用特殊的气体、混有某种物质的沙子、超声波等予以净化？依据动力不同，用电的、用人力的、用畜力的；依据产品的安置状态，可分为室内静止、可旅行携带的……这其实已进入创造工程学的范畴来构想净化衣物的原理了。世界上第一台洗衣机的发明人，肯定也在思考了许多问题并比较了许多方案，才制造加工出第一个洗衣机。确实，历史上有不少的工程师是产品的创意者，但有更多的孩子、家庭妇女、没有文化的老太太等都成了许多发明专利的拥有者。这说明产品创意是可以与产品制造分离的一种思维创造活动与创造行为，它不一定非要具有相关的工程技术知识背景才能具备"创意"的可能。应该说，生活的需求与生活的压力，才使不同身份、不同文化背景与不同经验、知识及人生经历的人，都具备发明与创造的可能。

3.3.5.2　产品物质效用功能的创意——工业设计创造的灵魂

　　"创造"的实质就是发明，发明的实质就是寻求生活中存在的问题，然后设法解决问题。"只要生活中仍存在有不便之处，发明家就会努力寻求改善之道。"❶爱德温·兰德（Edwin Land）发明宝丽莱相机的最初创意就是源于他三岁女儿的一句话："为什么照相不能马上看到相片？"❷专利法律师大卫·普利斯曼（David Pressman）将发明的过程分为两个步骤，一为发掘问题，二为寻求解决之道。他认为"第一个步骤尤其重要，占整个发明的九成。"❸

在创造学中，发现问题比解决问题更为重要。普利斯曼的话证明了这一点。

工业设计应该承担、也有能力承担起产品创意的任务，只要把工业设计的实质真正理解为人的生存方式的设计，把产品创造与产品创新，特别是把产品的功能创意作为设计的主体内容，而不再把造型设计当作工业设计的全部。有这样的认知，中国工业设计教育发展将进入一个完全崭新的阶段，"中

图 3-2　1920 年的木桶洗衣机

国制造"向"中国创造"的发展也就有了人才的基础。从这一点来说，中国工业设计把产品的功能创意作为自己的研究与设计的主体内容，对于推动向创新型国家的发展，无疑具有民族的历史使命意义。

产品创造的起点来源于人的需求，人的需求来源于对人、对社会的研究。罗伯特·西蒙的这样一段话常常被人们当作经典的设计理论来引用："对人类的恰如其分的研究成果，已经为人类所知。但我已经证明，人，或至少人的思想，可能是相对简单的。人的行为最多数的复杂性也许来自人的环境，来自人对好的设计的寻找。如果已经为此种见解提出充足的理由，那么就可以得出这样的结论：在很大程度上，对人类最恰如其分的研究来自设计科学。设计科学不仅要作为一种技术教育的专业部分，而且必须作为每一个接受自由教育的公民所应当学习的核心学科。"设计史专家约翰·A·沃尔克把人类的设计行为作为一种关于人类的生死存亡的问题来思考，他认为："所有的不幸都发生在人类设计系统的单调规则之中。给人们印象最深的事实是，良好的设计不只是一个趣味或风格的问题，而确确实实是关于生存和死亡的问题。"这充分说明，设计对人类整体的生存方式影响是如此的重大，人们已不能不严肃地对待这个问题。

确实，设计作为一种赋予物质和文化以结构和形式的创造性活动，设计开始以多维的方式作用于人类生活的整体领域，人类如何设计和如何思考设计，

❶❷❸　亨利·佩卓斯基著. 器具的进化. 丁佩芝，陈月霞译. 北京：中国社会科学出版社，1999：42.

如何反思已有的设计会给社会生活带来的影响，如何以战略性眼光思考设计的今天与明天，成为今天设计师与设计研究者思考的重要课题。

图 3-3　氢燃料电池概念独轮车

加拿大的庞巴迪公司推出了一款为 20 来年后的世界设计的交通工具—Embrio 先进概念独轮车，这辆用氢燃料电池驱动、靠陀螺仪稳定的独轮车将会使 Segway 滑行车为变成老古董。停车时，Embrio 可以借助轮式"起落架"竖直站定。达到一定速度，这个起落架会自动收起离地，由电动机驱动大车轮使 Embrio 有和汽车相当的速度行使。这一个概念独轮车设计，体现出设计师对未来人们出行方式的认真思考，反映了设计首先必须对人的生存的关注与回应

　　产品操作功能的设计与产品审美价值、象征价值的创造都属于工业设计的范畴，因此，操作方式与造型设计，都属于工业设计必不可少的内容。但是，把产品功能的创意排除在工业设计之外，从浅层次上说，造成了工业设计在产品创造过程中的残缺，在深层次上，是阉割了工业设计的本质，阉割了工业设计在人类文明进程中的重大作用。指出这一点非常重要，因为它关系到民族与国家的创新素质和创新能力的提升，是涉及工业设计能否成为一个国家工业化进程中的战略思想、战略行为的问题。

　　在一个产品面前，一般只看到技术在产品中的重要作用，却难以理解这一个产品当初创意的重要性。这与平时只善于观察事物的表面而难以深入其内在本质有关。作为产品，其构成的材料、结构与技术是可以直接感受到的，但设计的创意、物与人的深层关系是"虚"的、看不见的。因此，可见的物遮蔽了不可见的思想，可见的技术遮蔽了不可见的人与物的深层关系……这一点正是

部分设计界与社会人士对工业设计的认知停留在"技术加艺术"层面上的主要原因。日本室内设计师内田繁就世纪之交、时代更替问题，在1995年10月的名古屋世界室内设计会议上发言指出，20世纪产生的物质主义的时代观将向物与物之间相联系的柔软的创造性时代转换，也是从"物质"的时代向"关系"的时代的转变，指出"今后的设计将更加重视看不见的东西，重视关系"的再发现。这个思想对产品设计具有重要的启示意义。

3.3.6 生存方式创造的尺度

（1）生存方式创造的尺度——提升人的生存质量

任何一个设计，肯定会创造出特定的生存方式，但是这一种生存方式是不是符合人的发展方向，即人类的理想，则是另一回事。因此，工业设计的生存方式创造必须符合"提升人的生存质量"的目标。倒退的生存方式、落后的生存方式是不符合人的发展方向与提升人的生活质量的。

因此，工业设计的创造有一个目标与尺度，这个目标与尺度就是人的生存质量的提升。一切生存方式的设计不符合"提升生存质量"的尺度都是不可取的，都必须予以反对。

前面提出的设计原则中，除去物化原则外，人化原则与环境原则都与"提升人的生存质量"密切相关。可以说"提升人的生存质量"是工业设计的总目标和总尺度，任何设计原则和设计的思想，都必须服从这个总尺度。

如果说，"创造更合理的生存方式"是一种手段的话，那么"提升人的生存质量"就是目的。也就是说，前者把设计看成一种手段，后者把人生当作目标。工业设计的本质就这样把设计与人生联系起来，使人类的设计成为目标清晰的系统设计行为。

（2）"人的全面而自由发展"——"生存质量"的尺度

"生存质量"是以"人的全面而自由发展"作为自己的目标，体现出工业设计的哲理之光。

"人的全面而自由发展"，是马克思针对当时资本主义制度下人的片面、畸形的生存提出的一种社会理念。关于这一个社会理想的内涵，马克思并没有作出明确的界定，究竟如何理解，目前国内并没有一致的意见。大多数人把它理解为德、智、体、美等方面的全面发展。尽管没有完全统一的看法，但都承认这一命题反对人的片面和畸形的发展。

"生存质量"，以马克思的"人的全面而自由发展"作为评价体系与尺度，使得工业设计充满了人文的哲理光辉。事实上也确实如此，人们的设计行为最终向哲学寻求标准与意义，表明设计活动不是远离哲学、远离理性、远离人文的、灵感触发下的纯感性行为，显示出工业设计与哲学的交融不仅是必须的，而且是必然的。

这样，"生存质量"的评价体系与评价尺度就与人的发展方向与理想目标紧紧地联结在一起，使产品的生存方式的创造目标直指"人的全面而自由发展"。

比如，今天的技术，以及将来的技术，都可以发展成智能技术。今后，所有产品都可以做到完全的自动化与智能化。那时候所有的生产劳动方式都可以通过键盘与鼠标即可完成。面对千百种生存环境中的产品，甚至可以只按几下按钮即可完成所有的工作，人的体力劳动将全部消失……但是，这样的生存方式，是否就是提升了人们的生存质量？从局部的、短期的眼光看，这自然是极其理想的生存方式！可是问题并没有这么简单：人类这样长期生存的结果，四肢与体力开始严重退化，这难道是人类今后的发展方向与理想？如果这就是人类的理想，那么这种生存方式就是合理的，必须提倡。但是事实并非如此，就在现阶段，在目前产品的自动化状态下，白领们白天工作一天后，夜晚在健身房发狂地锻炼，以保持一个完美的、健康的体态与体魄。这一种生存方式实际上是对因长期失去必要体力活动与锻炼而造成正常体态变化的反抗和补救，这说明人们反对退化。在这样的情况下，设计怎么办？未来的设计方向指向何方？在今天，至少这样的生活图景的设计还是合理的：当需要锻炼时，我们把锻炼时产生的机械能从健身器械传递给洗衣机洗涤衣服，当锻炼结束，洗衣机也把衣服洗涤干净……这一个场景假设的意义，不仅仅在于对能源的节约与珍惜，更深刻的意义在于，设计应该艺术地把人们的行为与活动巧妙地、逻辑地组织起来，以达到系统效率与利益的最大化。反过来，在保证系统效率与利益最大化的前提下，如何求解一个子系统或如何设计子系统间的关系。

这说明，对生存方式的评价，不能依据当前或近期内人的需求状态。人的需求、市场需求大多呈感性状态，一个成熟的、理性的工业设计师不能丢弃设计伦理与设计的人文精神，追逐眼前与近期的利益，而应该对设计所导致的社会效果进行理性的评价。

Chapter
1

Chapter
2

Chapter
3

Chapter
4

Chapter
5

Chapter
6

Chapter
7

第4章

Chapter 4

工业设计的原则

4.1 概述

工业设计的灵魂在于创新。从这一点上来说，每一个设计作品都应该是创新性的，没有两件作品被允许是相同的。

但是任何产品都处于自然环境与社会环境之中，它们都存在于"人——自然环境——社会环境"构成的系统中。它们的设计都同样涉及图 2-2 所示的这些领域与学科，也就是说以创新为灵魂的种种的产品设计，它们都处于同样的设计文化环境中，受设计文化环境中的各个因素的限制与影响。这些设计文化环境中的各个因素就构成了这些产品设计的基本前提与条件。这些前提与条件，就是设计文化环境的客观规律性。遵照这些客观规律和客观因素归纳而成的、要求设计师遵循的法则和标准，就是设计的原则。

工业设计的原则具有两个重要特征。

4.1.1 在宏观意义上，设计原则是工业设计思想、观念、理念——设计哲学的具体化

设计哲学是哲学在设计学科上的投射，也可以说是哲学与设计学交叉产生的交叉学科。

工业设计的设计活动包括两大方面：设计思维（或设计心理活动）与设计实践（或设计操作活动）。设计思维是指工业设计对设计目的、设计思想、设计观念、设计价值、设计意义、设计理念与设计原则等的研究及探求。实际上，设计思维包含了两个层面的思维内容，即设计哲理层与设计原理层。设计哲理层就是设计哲学层面。

"哲学始终是科学加诗。它有科学的方面和内容，既有对客观现实（自然、社会）的根本规律作科学反映的方面，同时又有特定时代、社会的人们主观意向、欲求，情致表现的方面"[1]。设计深层的、根本的问题只能到哲学中求取最终的答案。也可以说，只有哲学才能给予设计以最根本的回答。这不仅"是因为哲学有着从总体性、根本性和普遍性上来思考问题的特点，或哲学乃是穷根穷底思考的结晶和表现"，而对一切科学（包括工业设计学）有着指导意义，而且因为哲学一方面反映了客观现实的根本规律性（科学性），另一方面又反映了"特定时代、社会的人们的主观意向、欲求、情致"（诗性），从而使设计这一物的创造活动成为合诗性（合目的性）的合科学性（合规律性）的行为。

设计在哲理的层面确立设计物与人、设计物与社会及设计物与环境等关系的总准则。在思想与观念的层面把握了设计的终极方向，这一终极方向就完整地体现了设计的价值而使设计避免走上异化于人类发展目标的歧路。

因此，哲学对设计学的指导不仅具有重要的意义，而且相对于哲学对其他学科的指导意义来说，更具有直接性与明晰性。当然，这一种指导意义的"直接性"与"明晰性"，并不表现在物的设计的细则上，而是体现在工业设计的原则中。

工业设计作为主要研究人与自然中介——产品的设计学科，极为典型地反映了"科学加诗"的哲学特征。

设计哲学是抽象的、概念性的，它只能在大的方向上把握设计的走向，但它无法直接对具体的设计实践活动进行技术性指导。设计哲学通过对设计相关的领域与学科的渗透，形成具体的设计的要素群，这些要素群就构成了设计原则。

因此，设计原则是设计哲学在各个相关领域与学科的具体化。"人化原则"、"物化原则"以及"环境原则"，集中反映了设计哲学渗透进"人"的领域、"自

---

[1] 李泽厚. 美的对象与范围. 美学，3，15。

然"的领域及"社会"的领域对产品设计提出的约束与限制。

4.1.2 在微观意义上，设计原则是产品设计具体细则的概念化与抽象化

设计原则并非设计细则，而是细则的总结、归纳与提炼。

每一个产品都有自己特定的使用环境，它们与人、与环境的关系都是各不相同的，这是因为它们针对人的不同需求而创造的物质功能的不同。洗衣机与铅笔，由于使用目的的不同，它们与人、与环境发生关系的具体内容也大不一样。设计不可能针对数以万计的产品，罗列每个产品的设计细则，这不仅不可能也是没有必要的。因为每一个产品所受的人性的限制、物性的限制以及环境的限制，在一定程度上是基本一致的。这样，就可以以有限的设计原则去指导无限种类的产品的设计实践，这体现了工业设计学作为一门科学而非艺术的学科特征，也是任何一门科学的基本特征。

因此说，设计原则不是某一个产品的设计细则，而是产品设计在大的领域与学科中不得不被控制的条件。这一个条件是原则性的、概括性的，因而也是抽象的。但是，设计原则必须具体化为设计细则，才能指导一个产品设计实践。在这里，设计原则给设计细则的寻求指明了方向，设计细则则是设计原则在某一个产品设计实践中的具体化。这个具体化，不仅是定性分析的，有时还是定量的。在某种意义上，设计师在设计过程中的主要工作就是设计细则的寻求。

一支铅笔与一辆坦克，一个是书写的文具，一个是战争的武器。它们的体量差异巨大，功能大相径庭，似乎没有什么可比性。但是，它们都是人的工具，无论它们的功能如何，它们的设计都存在与人、与环境协调、和谐的问题，都面临着相同的人性限制、社会环境限制与自然环境限制。但是，这些"限制"在细则上，有着很大的差异性。否则，铅笔不能成为文具，坦克无法成为武器。因此，设计一支铅笔与设计一辆坦克，都是在相同的设计原则指导下、寻求设计细则的活动。只不过在具体设计实践中，它们受限制受约束的具体因素大不一样，设计考虑因素的重心不同而已。

因此，设计原则，作为连结设计思维（设计哲学）与设计操作（设计实践）的中间体，既必须与设计思维交叠，又必须对设计实践有指导作用；因此它必须是设计实践共性问题的提炼与归纳，又是设计哲学在各方面的具体化。

工业设计的原则有人化原则、物化原则与环境原则。

4.2 人化原则

人化原则又称人性化原则。无论是在"人—自然环境"系统中，人与自然

间"对话"所需而设计的工具意义上的产品，还是在"人—社会环境"系统中，人与人、与社会间"对话"所需而设计的用品意义上的产品，都可称之为人与外界进行"对话"的工具。"对话"不仅指语言上的交流，也包括人与外界的相互作用，本书所指的"对话"，更多的是指后者。

人既是生物的人，又是文化的人；既是属于他自己的一个人，又是属于社会的社会人。凡是与人相关的设计要素，都属于人化原则的范畴。

人化原则包括实用性、易用性、经济性、审美性、认知性与社会性等。

4.2.1　实用性原则

所谓实用性，就是产品所具有的、能满足人们物质效用功能需求的性能与功能，是指产品合目的性与合规律性的功用与效能。如洗衣机的净化衣物的性能，冰箱的保鲜食物的性能，电视机的传递图像与声音的性能等等。

实用性对于物质产品来说，是该产品之所以产生与存在的唯一理由。也就是说，任何物质产品存在的唯一依据，就是它所具有的实用性。因此，实用性构成了设计人化原则中的第一原则，也是工业设计最重要、最基本的设计原则。

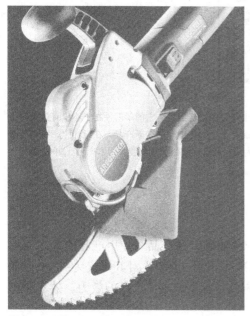

图 4-1　无坚不摧的双刃电锯

对于一般的家用工具来说，切割砖块、水泥墙和坚硬的木材这样艰巨的工作简直就是不可能完成的任务，而 Arbortech 公司屡获殊荣的 Allsaw 150 双刃电锯正是为此设计的。两片弧形锯片上的锯齿能在任何致密材料中切入 13 厘米，锯片在 V 形皮带传动装置的带动下沿弧线滑动，这能防止它被坚硬的材料反弹回来。该公司称，Allsaw 电锯的特殊驱动方式能防止锯片切入人体等柔软的物质中，因此这款看上去十分凶猛的电锯使用起来应该是很安全的。双刃锯 Allsaw 150 双刃电锯的两片锯片沿弧型轨迹反向运动，这使它能垂直切入砖块、水泥墙和木材等坚硬材料。赋予产品以强大的实用性是工业设计的首要人化原则中的实用性，也被称作产品设计中的功能原则，成为产品设计的第一原则。

实际上，实用性或功能标准，或者说合目的性要求，是一个相当普遍的超越历史长河和地域空间的尺度。早在公元前 5 世纪古希腊圣哲苏格拉底就给后人留下了这样一句名言："任何一件东西如果它能很好地实现它在功用方面的目的，它就同时是善的又是美的。"❶

实用性原则是人化原则下的一个组成部分，它与其他的子原则共同构建成系统的、全面的、综合的人化原则，使工业设计符合人的全面要求。片面夸大实用性即功能原则将破坏人化原则的综合性、体系性结构，而失去产品的人化特征。

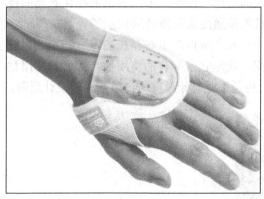

图 4-2　静脉注射装置

这是一款早该发明的产品，它是用于正确固定医用导管的特殊装置。它的革新性在于不仅有效地防止了插在患者身上的导管容易被不慎拔掉的危险，而且是一种低成本的全新产品，在设计上，有像包裹在手上的纱布一样令人安心的外形，并且减少了为固定导管而使用大量的胶带（本产品获 2002 美国优秀工业设计奖金奖）

4.2.2　易用性原则

"易用性"是物与人之间关系的一种描述，是产品与使用产品的人之间的关系是否和谐及和谐的程度。国际标准化组织（ISO）对其定义为："……在特定的环境中，特定的使用者实现特定的目标所依赖的产品的效力、效率和满意度。"（ISO DIS 9241—11）❷

用通俗的语言描述"易用性"，就是"产品是否好用或有多么好用"。"好用的产品"意味着产品具有较强的"易用性"，通常被使用者称为"友好的"（Use Friendly）产品。"易用性"亦即"宜人性"。

❶　西方美学家论美和美感. 北京：商务印书馆，1980: 19.
❷　Patrick W. Jordan. An Introduction to Usability. London: Taylor and Francis. 1998: 5

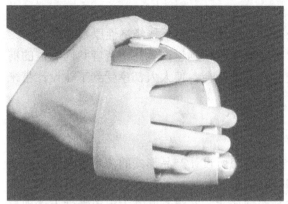

图 4-3　手掌式熨斗

为了人手的使用习惯而设计的熨斗，便于外出旅游、出差的携带与使用

图 4-4　运动 / 电动脚踏滑板

本产品有效地解决了电动脚踏滑板所存在的种种问题，保留了原来简约明快的造型设计，手柄握上去舒适自如，可以折叠，并且轻便（不到 9 公斤）从而成为城市上班族集健身与交通工具于一身的用品。电动脚踏滑板给现代社会点到点交通的实现，提供了一个有益的启发（本产品获 2002 美国优秀工业设计奖金奖）

设计易用性主要依赖于两个学科的研究成果，即人机工程学和产品语文学。这两个学科的研究成果给设计易用性提供了科学依据和保证。

4.2.3　经济性原则

经济性原则是人产生一切行为所依据的最基本的原则。在人类社会的初期，经济性原则可能是出于动物性本能，在当今的工业社会，经济性原则产生于人类社会文化性结构。

工业设计发展到 21 世纪，进入到一个相对成熟的阶段。工业设计不仅是创造财富的一种手段，更是一种创造人类文化的一个重要平台。因此，工业设计的经济原则不仅蕴含着人类活动的基本生物性特征，更多地含有人类社会的

Chapter 1
Chapter 2
Chapter 3
Chapter 4
Chapter 5
Chapter 6
Chapter 7

伦理精神与人文精神。

工业设计人性化原则中的一个重要方面，就是坚持经济性原则。

所谓经济性原则，就是在尽可能地在照顾到生产者与消费者共同利益的前提下，设计尽可能提供价廉物美的产品给社会，使人人都享受到工业设计带来的现代文明的成果。

4.2.4 审美性原则

设计的审美性原则是指设计时要考虑所设计产品形式的艺术审美特性，使它的造型具有恰当的审美特征和较高的审美品位，从而给受众以美感享受。审美性原则要求设计师创造新的产品造型形式，在提高其艺术审美特性上体现自己的创意，同时也要求设计师具有健康向上的艺术和审美意识。

产品的审美性不应当是简单的装饰或者说某种外加的孤立的形式成分，而应当是该产品内在因素的外在表现，是与内容有机统一的形式构成。

4.2.5 认知性原则

认知性是产品构成要素通过设计综合而成的产品符号所具有被认知的特征。产品信息蕴含使产品成为一种符号，通过人们的"解读"，产生一定的象征感觉与意义。

产品的认知性包括两个方面，产品的象征意义与产品的语义。

图 4-5 卫星网络信号接收器
这是一台用来接收电视以及网络信号的小型卫星网络连接器。该设计很好地表达出这是一台专业的、值得信赖的通信设备产品（本产品获 2002 瑞典优秀设计奖）

前面讨论的设计的人化原则，是从几个主要方面展开的。总地来说，人化原则就是从人的终极发展目标——人的全面发展的目标对设计作出的约束与限制。在具体的设计中，则依据特定人群的文化模式、行为方式生活方式等进行研究、调查、归纳、提炼他们的需求，确立最大程度满足需求的方案。

4.3　物化原则

物化就是物态化。所谓物化原则，就是工业设计必须符合产品物态化过程——即生产过程中的种种要求，使观念中的设计、图纸中的设计顺利地、完整地、准确地物化为产品。

一般来说，物化原则主要是针对物质化产品而言的。

物化原则的本质，就是设计如何遵循科学技术的原理与规律。从另一个角度看，它体现为科学技术对设计的限制与约束。

科学技术对设计的限制与约束具体反映为科学原理、结构形式、材料性能与加工工艺的规律性与有限性，以及大工业生产特征如标准化、通用化、规格化的限制与约束。反过来，科学技术也成为设计的支撑条件，给设计的物化提供了可能。设计原则是一个正反两方面构成辩证关系的概念：它既对设计施加了限制与约束，但另一面，又成为设计走向现实的支撑手段与力量。

没有人会否认，科学和技术对人类社会的发展进程和世界所产生的巨大影响，不管人们以怎样的态度和观点来对待，今日世界中的人们都不可能离开科学技术而生存。设计作为一种赋予人的生活世界以物质性和文化性秩序的创造性行为，无可否认地与现代以来的科学技术的发展有着紧密的关联，科学和技术作为一种强有力的力量影响着现代以来的设计活动。正是科学技术的进步和发展才为人类生活世界的需要提供了更大的可能性：设计师利用新材料、新技术创造的新工具开辟了设计的新的可能性空间，并以一种物质化的形式现实性地作用于整个人类的生活和文化。可以说，现代设计以来的设计运动始终胶合着现代科技的发展，现代设计中的物质形式的变革以及它对人们的生活世界的影响，都与科技的进步和发展有着深刻的联系，在某种程度上甚至可以说，不断发展和进步的科学技术，就是现代以来设计运动的动力。

从根本上说，设计就是现代工业技术进步和发展的产物，它因工业技术的出现而诞生，也因工业技术的发展而发展。

科学技术对工业设计的影响，体现在两个层次上：一是作为指导人们行为和思想的、属于观念层次上的科学技术，即人们的科学态度与科学精神；对于消费者来说，这种科学态度与科学精神也影响对产品的选择与使用；二是作为普遍规律和方法，属于知识层次的科学技术。

Chapter 1

Chapter 2

Chapter 3

Chapter 4

Chapter 5

Chapter 6

Chapter 7

4.3.1 设计的科学意识与科学精神

工业设计区别于主要依赖于经验与直觉的手工艺设计，更有别于依赖想象的艺术设计。工业设计应用的是理性思维与科学的规范设计手段。"设计科学既不是经验性的设计方法，也不等于专业设计活动某些阶段中的科技手段。它是从人类设计技能这一根源出发，研究和描述真实设计过程的性质和特点，从而建立一套普遍适用的设计理论。由于这一理论既适于个人设计，又适于集体设计；既解释了传统的凭经验设计的方式，又给现代科技手段的运用留出了余地。因此，它不仅是一种普遍的设计理论，而且在更高的层次上成为普遍的设计方法和设计程序。"❶

现代以来的设计被称为是科学的、理性的设计，是因为它在许多方面都依赖于现代科学所提供的原理和方法。工业设计之所以能够迅速发展并不断地创造出满足人们需要的产品，就在于它不仅充分利用而且敢于探索设计中的科学方法。这一点可以从包豪斯到乌尔姆学院的设计教育和设计实践中看到。早在包豪斯时期，一系列设计科学方法论方面的课把设计学科建立在一种科学的基础之上，从而为现代功能主义设计奠定了设计科学的教育基础。科学、理性的设计方法在二次大战后的设计教育中则得到了更进一步的丰富和拓展。20 世纪 50 年代后期，像数学、统计学、分析方法和行为心理学这样的看似纯粹理论性的学科，也成为了乌尔姆学院的基础性学科，并把这些科学方法运用于产品设计之中。

显然，随着社会政治经济和科技文化的发展以及人类对生存环境的意识增强，设计越来越成为一种综合性的创造性活动，它已不只是一个产品的结构模式和形式的建构问题，也不只是通过设计本身设计和制造出人类生活世界的物化系统，而是与整个社会的政治、经济、文化发展和技术进步、人们的整个生活发生着多元的复杂关系。在一个从物质性产品向服务性产品、体验性产品转变的现代社会中，如何根据科学和理性的方法设计出更能满足人们各个层面需要的产品，变得更为重要了。

实际上，工业设计已成为一种在复杂系统中寻求答案的活动。设计目标和设计方法被纳入到一个远比产品本身或产品系统更复杂的系统中。在这个复杂的系统中，设计除了其本身材料的、工艺的、结构的、功能的和审美上的因素之外，还与整个社会的生活发生的社会的、道德的、文化和环境上的种种关联，与消费群体发生着各种层面的关系。一句话，工业设计已经变成了一种复杂的、系统的、综合的创造性行为；一种运用综合的、系统的可操作的科学方法为生活世界的人们服务的创造性活动。现代以来的德国设计实践及其设计教育之所以引起深刻的影响和关注，便在于它所具有的设计观念的理性和设计方

---

❶ 杨砾，徐立. 人类理性与设计科学——人类设计技能探索. 沈阳：辽宁人民出版社，1987：31.

法的科学性。由此，20世纪初包豪斯的设计理念和20世纪后半期的乌尔姆学院的设计理论视野，仍然是今天工业设计理论和实践可贵的参考资源。它的极具理性色彩的设计理论和科学方法，仍然可以在经过改造之后为人们所运用。

在当代设计领域中，人们可以看到，工业设计作为一种系统的解决问题的方法的重要性在20世纪60年代后期引起了设计界的更大兴趣。如，1962年在伦敦皇家学院举行了该领域的第一次会议，其主题为"工程、工业设计、建筑与传播中的系统和直觉方法"，设计师们和设计理论家们广泛注意和谈论了设计中的系统方法论问题和直觉方法在设计中的运用问题。1960年代初，为了帮助设计决策过程的合理化，出现了许多有效的方法论工具，许多设计师渴望把一些新兴学科如人机工程学、人体测量学、控制论、市场和管理科学等与设计思维结合起来。这体现了当代设计科学方法论的极大转变，人机工程学、人体测量学与设计管理学等得到了国际性的广泛关注。

随着当代社会的发展，设计中的科学方法问题越来越成为一个重要的问题。如何把科学的方法和决策运用于设计活动和设计产品中，把以前那种属于客体物质形式系统中的设计转变为真正地为人服务的设计就需要当代设计师和设计理论做出深刻的探讨。从战后的设计学对人机工程学、人体测量学以及人类生态学等方面的探讨来看，设计学科现实了它从物质性向非物质性的深入发展。赫尔伯特·西蒙认为能否真正地解决人造物的科学问题，关键在于能否发现一门设计科学，能否发现一套从学术上比较过硬的、分析性的、部分形式和部分经验化的和可教可学的设计学课程，因而不仅从逻辑上、哲学上思考人类的设计问题，而且从实践上、经验上和可操作性的方法上认真地对待当代设计问题。

工业设计已被人们逐渐认知到是工业经济的一个重要组成部分，更被看作是提升人们生活质量的重要手段和活动。设计的科学意识和理性探索将变得更为重要。

综上所述，设计中的科学意识、科学精神对设计产生的作用有以下几点。

① 使设计师站在设计哲理的高度清晰地认识工业设计学科的性质与特征，确立设计的目标。

② 使设计师具有理性的、科学的设计方法。

③ 使设计师自觉关心使用者的生理与心理要求。

④ 使设计师能以系统的、科学的标准评价产品，而不仅仅是单一的审美标准。

4.3.2 科学技术对设计的影响

工业设计是以满足人的多种需求为目标的创造活动，决非单纯的表面装饰与外观形态的塑造行为。它是从系统论的观点去观察人类的生活与行为，把握人们的需求和价值观，将人类的科技成果恰当地应用到人类生存活动中。

把设计对象置于"人—机（产品）—环境"系统中进行系统最优化前提下的产品设计求解活动，应以科学态度与技术手段进行。因此需在研究"人的科学"、"自然科学与工程技术"及"环境科学"的基础上完成设计的目的。

（1）人的科学

研究人的科学，目的是使工业设计的成果与人的生理、心理尽可能地协调，从而减轻设计物对使用者的体力负担与精神压力，并提高设计物的使用效率。

人类学、人机工程学、工程心理学等与工业设计有着密切关系，它使设计中有关"人的因素"达到科学化。

（2）自然科学与工程技术

自然科学与工程技术中信息技术、工程技术、材料科学等对工业设计的影响最为重要。

现代世界历史是一个充满着科学发现和技术发明的历史，科学技术始终不断促进着人类社会物质世界与精神世界的变化。罗伯特·休斯曾这样描述了19世纪最后25年和20世纪头10年技术发展对文化的不可思议的深刻影响：1877年照相的发明、1879年爱迪生和J.W.斯旺分别发明了第一个白炽丝灯泡。1882年反冲击枪，1883年的第一代合成纤维，1884年的帕森斯式蒸汽机，1885年的涂层相纸，1888年的特斯拉电机和邓录普车胎，1892年的柴油机，1893年的福特汽车，1894年的电影放映机和留声机唱片。1895年伦特根发明了X光，马可尼发明了无线电报，卢米埃兄弟发明了电影摄像机，俄国人康斯坦丁·柴可夫斯基首次阐述了火箭推动原理，弗洛伊德发表了他对歇斯底里的基本研究，继而：镭的发现、磁性录音、最初的有声无线传送，1903年怀特兄弟的第一次动力飞行，理论物理的"惊异之年"，1905年爱因斯坦的"光子理论"的相对论，并由此使人类进入核时代。❶

所有这些理论与技术的发明和创造，最终都进入了或者影响了20世纪人类的生活，不管它们在历史的发展过程中是被人们恰当地利用或是不恰当的利用了，20世纪社会的发展都受到了深刻的影响。这些发明与创造中的许多东西在20世纪的不断发展、运用和进一步的设计中，转变成了人类生活中的重要物质性产品，所有这些发明和创造都深刻地影响了20世纪的生活与文化。

科学技术的发明创造和进步是现代世界发展最伟大的动力系统，它是改变人与自然和社会的最有力的工具。

---

❶ 罗伯特·休斯. 新艺术的震撼. 上海：上海人民出版社，1989：7～8.

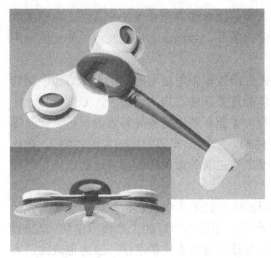

图 4-6 水上滑行器

这是一款具有独立推动系统的单人用水上滑行器。它应用了打水漂时石头浮在水面的原理，使并排两个圆盘下面的压缩空气旋转，与水面之间形成一个气垫，利用水漂儿原理前进，该商品适用于以娱乐为目的水上活动或比赛（本产品获 2002 德国布朗恩设计奖）

对于设计来说，材料、结构、加工工艺的发展与进步决定着设计的发展与未来。

材料、结构、加工工艺都表现为某些特定的规定性，因此，对设计有着种种的限制与约束。材料科学、结构科学与加工工艺的发展就意味着产品物化过程中的一些规定性被突破，设计就可以以另外一种新的面貌或者更为优质地被物化，设计也就得到了发展。

图 4-7 轻量化保时捷自行车

该款保时捷自行车是专为公路赛设计的，它采用了高科技碳纤等材质，实现了车体的轻量化，固定在超轻型前杆上的 Profile 公司制 Hammer TB 把手采用的是三叉造型，从而为车手提供了最有力的支撑。支撑车座的车杆亦为碳纤材料，车座仅有 119 克。整个车体除去踏板外总质量仅有 6.8 公斤（本产品获 2002 德国 iF 设计奖银奖）

技术规定性因素包括生产技术、产品技术和操作技术三个方面。它们共同作用于设计，给设计的物化设置了前提条件，当然，它们也是可供转化的应用要素。

生产技术是指生产者为制造物在生产过程中所运用的知识、能力和一切物质手段。这是使设计由图纸走向实体的首要条件。作为生产者，必须依靠一定的技术设计、技术工艺和管理技术等，才能有效地将各种客观的材料、能源等内容按照设计意图组合成具有一定结构、一定形式和特定功能的"物"。在这个过程中，设计师遵从客观规律，使之与主观的意图相吻合并达到统一，是设计走向物化的关键。

设计物的功能和形式必须以相应的生产技术为保证方能得以实现。在设计发展史中，任何新的功能或样式的产生，都是与当时的生产技术密切关联的。从宏观角度看，手工艺技术与现代工业技术有着本质的区别，因此也造就了大相径庭的设计物的功能和样式。因此，人类在生产技术方面的进步，直接促进了具有新功能、新形式的产品出现，同时，也常常由于对物的功能要求的提高以及对物的外观形式变化的期待，而推动了生产技术的改进与发展。因此，在设计中生产技术作为重要部分，应当被充分得到考虑，并从有效利用现有生产技术和以设计推动开发新的生产技术的角度，来看待它对设计的意义。

产品技术指的是物本身的技术性能，是由物的结构、材料所组合而成的特殊技术品质。对于消费者来说，产品技术是他们在使用过程中所需要达到的功能目的和手段。而操作技术是指消费者控制、使用产品的一定知识、经验和能力。操作技术和产品技术对于消费者来说，具有不同的意义。产品技术越是复杂、先进，越需要方便、安全、舒适的操作技术，才能体现物的功能的完美。正如传统的摄像机，由于产品操作技术的复杂，常常必须由受过专业训练的人员进行操作而难以推广；而现代的"手掌式摄像机"却为普通人提供了使用操作的极大便利性，因此而得到普及。这种改变，体现了操作技术对生产技术、产品技术发展的推动作用。

4.4 环境原则

所谓环境原则，就是以人类社会可持续发展为目标，以环境伦理学为理论出发点来指导工业设计的原则。

发展是人类生存的永恒主题。二次大战后，科学技术迅猛发展并渗透进人类生活的各个领域，一方面创造了前所未有的物质财富，另一方面也给人类带来了种种负面影响与困惑。面对一系列全球性问题的相继出现，人类不得不对传统发展观进行深刻的反省。人与环境间的关系研究也就上升到所有问题中的主要问题，也成为人类继续发展的瓶颈所在。

严格地说，环境原则不是只涉及环境的一个原则，它涉及人类对环境的认知与态度。因此，环境原则实际上还是涉及人类文化的一个原则。不同人群对环境的认识深度不同，对自然环境的态度也大有差异，这种文化认知上的差异也决定了人们对待社会生活及设计的不同态度。但不管差异多大，还是有着基本的共识与基本相同的态度，这里所讨论的环境原则就是以这样的共识为前提而展开。

4.4.1 环境问题与环境问题产生根源

4.4.1.1 环境问题的内容

目前关于"环境问题"一词的所指尚不统一，但当今社会面临的环境问题可划分为如下四种类型。

① 环境污染。这是最早引起社会广泛关注的环境问题，也是西方国家在20世纪70年代初采取环境保护行动时所优先考虑解决的问题。它包括大气污染、水污染、工业废物与生活垃圾、噪声污染等。

② 生态破坏。其主要表现是森林锐减、草原退化、水土流失和荒漠化，它是导致20世纪中叶以来自然灾害增多的主要原因。

③ 资源、能源问题。自然资源是人类环境的重要组成部分，资源、能源的过度消耗和浪费不仅造成了世界性的资源、能源危机，而且造成了严重的环境污染和生态破坏。

④ 全球性环境问题。它包括臭氧层破坏、全球气候变暖、生物多样性减少、危险废弃物越境转移等。

人们已经认识到：环境问题是在发展的过程中产生的，也应该在发展的过程中解决。正是出于如何在发展的过程中解决环境问题的考虑，人们才提出了可持续发展思想。

4.4.1.2 环境问题产生的根源

（1）传统观念的根源——人类中心主义

在人类中心主义的观点中，所有非人类物种和其栖息地的价值取决于它们是否满足了人类的需求。而它们的内部价值（即享受它们自身生存的能力）被视为零。非人类中心主义的伦理观念建立在非功利的基础之上。在这种基础上的环境保护"不仅仅是出于避免生态系统的崩溃或是积累性的衰退，而出于对其他生物有其自身独立于人类工具性价值之外的内在价值这一观点的认同"[1]。然而要做到这样的要求，是非常困难的事情。这也正是伦理问题的特点，那就是人性的缺陷和道德要求之间永远存在着差距。

过去把自然资源看作"收入"，既然是一种"收入"，那么，千方百计增

---

❶ [美]赫尔曼·E·戴利. 超越增长——可持续发展的经济学. 诸大建，胡圣等译. 上海：上海译文出版社，2001年：73.

加"收入"被认为是天经地义的，人人都可以这样追求。今天，人们把自然资源看作自然资本，既然是资本，那就是自己的，尽可能地节约、尽可能地少花、尽可能使它产生更大的效益。相信这也是所有人的心态。因此，把对自然资源的理解从"收入"转变成"资本"，既现实地反映了自然资源对于人类的客观意义，也反映出人类对自然的新的认知。

如果想让人们尤其是企业正确认识到这些宝贵的资源是人类有限的"资本"而非免费的收入，那么最有效的方法就是确立一种"谁污染谁买单"的管理机制。

（2）传统手段的根源——技术依赖

科技的发展使得人类在一方面更新了自己的生活方式，但在另一方面，却弱化了自身的某些功能，而产生对技术的强烈依赖性。也就是说技术依赖性长期存在，导致两个结果：一是弱化人自身的某些功能，使人的生理结构与意志力退化；二是弱化在使用技术时道德责任感，幻想让更新的技术来承担本应由人类自身承担的技术应用的伦理道德。

人类运用各种科学技术，构建起属于自己的环境：庞大的城市和千万种物质产品。但是都很难说是完全属于"人类自己"的：大城市的范围之大，建筑之高，其人口拥挤、交通堵塞、空气污染、环境噪声在任何一个城市都存在。这些属于人类自己设计的城市却在本质上不属于人类"自己"！人们设计生产的成千上万种产品，构成了人类生存的"第二自然"中的场景，这些由人类自己设计的、理应完全"属于"人类自身的产品，却很难说在使用它们时会得心应手，有的甚至成为置主人于死地的凶器……这一切确实值得人们反思。

人们对科技的依赖，是建立在科技万能论的观念基础上，因此人们放弃了本不应该放弃的道德伦理对科技的制约。人类的任何创造活动理应在人文精神的大旗下展开，却因为科技的魔幻般的效能使人们对它产生万能的错觉，以致盲目崇拜和依赖。

缺乏人文精神引导的科技，既为人类造了福，又为人类闯了祸。科技对自然环境的一切破坏，都源自人类对环境伦理的缺失。

（3）传统方式的根源——现代性特征

现代性带来了标准化、规格化的工业生产与社会组织、麦当劳式的服务体系与评价体系。与之相对应的则是精确分工：在物质生产的每一个环节中，每一个人都只是一个螺钉。每一个人只埋头作自己的工作甚至对下一个工作流程一无所知。这种分工的优势就是每个人只干一小部分工作，由于内容简单而快速熟练。但它带来另一大问题，就是每个人都"作为"机器结构的一部分，机械而快速地工作着，效率高但却使人失去工作的乐趣，失去人之所以成为人的创造、主动的精神及实践的可能。更为严重的是，这种现代性的"分工"，使一个完整的工作被分解为许多细小的部分，而每一部分只作为为完成某一目的任务的手段而存在，因而把作为手段的每一部分与作为目的的整体分裂开来，失去目的的手段难免不产生异化，因此极可能产生手段的最终结果会违背原先设定的目的。下面引述的这一段话，极为形象地说明了手段与目的的分离将造成如何后果。

假如一个杀人的程序被分为：购买正常药品——将其捣碎、磨成药粉——配成毒药——装入瓶子——与糕点相混合——包装成礼盒——装箱邮寄——取出——与鲜花一块送到，关键在于每个程序由互不知情的不同专业人员所完成，这样，责任感、犯罪感即被"漂流"了。如鲍曼所说："卷入的人的数量是如此之多，因此没有人可以理直气壮地、令人信服地申请最终结果的'著作权'。" ❶ 即便在战争之中，战争形式的游戏化和战争过程的碎片化同样导致了战争——这一最为原始和持久的罪恶感来源——的犯罪感之"漂流"。在海湾战争中，美国曾经对女军人的使用范围进行过探讨。因为在"用不着亲眼目睹受害者；在屏幕上计数的只是亮点，而不是死尸" ❷ 的时候，女性应该可以从事更多的战争活动，比如坦克炮手。在电子游戏一样的战争中，连女性都无须怀有道德责任！这无非是因为犯罪的过程被碎片化了。操作炮火的控制系统和微波炉的界面越来越相似，杀人的操作如同烘烤一片面包，这就是手段脱离目的引导的异化后果！

反复强调手段与目的联系，强调产品作为手段与应用产品达到的目的的两者之间的不可分割的关系，就是企图极力避免类似这种手段异化于目的的后果。任何产品的设计（不论是物质的还是非物质的）在本质上说都是手段的设计。在设计活动内部系统看来，手段设计的完成就是目的，正如工程师设计一辆汽车，完成汽车设计就是目的。但是，如果将手段的设计纳入到与满足人的需求这一目的的系统中进行观察，就明显地反映出这种手段的设计与满足需求的目的之间的差距。单纯由工程师完成的汽车设计与人乘坐的安全性、舒适性、高效性、经济性与象征性的需求目的相比，作为工程意义上的汽车设计可能还无法乘坐。

因此，脱离目的的设计有可能产生可怕的后果。

4.4.2　人的价值观是规范科技的主导力量

科学技术作为调节人与自然关系、实现人的价值目标的中介性手段，是人的本质力量的对象化。科学技术的双重属性决定了它既要受到自然规律的制约，又要受到社会文化价值观和人的目的的规范。在人类认识和改造自然能力较弱的时候，科学技术主要表现为"自然的"选择过程；而随着人类认识和改

❶ [英]齐格蒙特·鲍曼. 后现代伦理学. 张成岗译. 南京：江苏人民出版社，2003：21.
❷ [英]齐格蒙特·鲍曼. 生活在碎片之中——论后现代道德. 郁建兴，周俊，周莹译. 上海：学林出版社，2002：170.

造自然能力的增强，科学技术的发展则越来越取决于人的"价值的"选择。人的文化价值观成了规范科学技术的主导力量。

因此，科学技术不能也不应该为今天的人类生存困境负责，恰恰是人类自己对此有不可推卸的责任。因为在人统治自然的价值观下，人总是以功利眼光看待一切。人们对科学技术的价值判断和评价仅仅只是实用性的、纯经济或政治的考虑，而忽视了它与自然的价值、与人类根本价值要求的可能的背离。人们在追求合目的的科学技术效用的正面价值之时，不得不承受由此带来的违背人的更高目的或价值要求的负面价值。

呈现在人类面前的自然界原本是一个多样性的价值体系，除了经济价值外，还有生命价值、科学价值、美学价值、多样性和统一性价值、精神价值等。然而在传统的人类中心主义价值观下，自然界的一切价值都被归结为人类价值。人类的需要和利益就是价值的焦点，科学技术仅仅是人实现人类需要和利益的工具。因此，人类困境，从根本上讲，不是科学技术发展所必然带来的问题，而是受传统价值观所规范的科学技术被实际运用的后果问题。造成人类生存困境根源不在科学技术，而在于支配着科学技术的人的价值观。

4.4.3　可持续发展的目标与原则

面对严峻、复杂、紧迫的环境危机及一系列社会问题，人们从 20 世纪 70 年代开始积极反思和总结传统经济发展模式中不可克服的矛盾，认识到发展不只是物质量的增长与速度，而应该有更宽广的意义：发展是指包括经济增长、科学技术、产业结构、社会结构、社会生活、人的素质以及生态环境诸方面在内的多元的、多层次的进步过程，是整个社会体系和生态环境的全面推进。于是，在这样认知的基础上，催生出一种崭新的人类发展战略和模式——可持续发展。

4.4.3.1　可持续发展的目标

可持续发展是一种广泛的概念，而不只是一种狭义的经济学概念。其目标包括以下四个方面：

① 消除贫穷和剥削；

② 保护和加强资源基础，以确保永久性地消除贫困；

③ 扩展发展的概念，以使其不仅包括经济增长，并包括社会、文化的发展；

④ 最重要的是，它要求在决策中做到经济效益和生态效益的统一。❶

4.4.3.2　可持续发展的原则

上述四个方面的目标关系到政治、经济、文化等各个方面的政策。实现上述四个方面的政策与目标有赖于五个原则。

---

❶ ［英］伊恩·莫法特. 可持续发展——原则，分析和政策. 宋国君译. 北京：经济科学出版社，2002：31.

（1）公平性原则

可持续发展的公平性原则一方面是指代际公平性，即世代之间的纵向公平性；另一方面是指同代人之间的横向公平性。可持续发展不仅要实现当代人之间的公平，而且也要实现当代人与未来各代人之间的公平。这是可持续发展与传统发展模式的根本区别之一。

（2）和谐性原则

和谐性是可持续发展的最终追求，从广义上说，可持续发展的战略就是要促进人类之间及人类与自然之间的和谐。如果每个人在考虑和安排自己的行动时，都能考虑到这一行动对其他人（包括后代人）及生态环境的影响，并能真诚地按"和谐性"原则行事，那么人类与自然之间就能保持一种互惠共生的关系，也只有这样，可持续发展才能实现。

（3）需求性原则

以传统经济学为支柱的传统发展模式，所追求的目标是经济的增长。因此，大量的设计作品用来刺激人类的消费需求和占有欲。这种刺激消费的方式忽视了资源的有限性与自然环境"容纳"污染的极限。这种发展模式不仅使世界资源环境承受着前所未有的压力而不断恶化，而且人类所需要的一些基本物质仍然不能得到满足。而可持续发展观则坚持公平性和长期的可持续性，立足于人的真实物质需求，建立健康而理性的精神需求。可持续发展是要满足所有人的基本需求，向所有的人提供实现美好生活愿望的机会。

（4）高效性原则

可持续发展战略几乎得到了世界各国政府的支持，但实际效果并不理想。"真正通过改变生产技术而使环境得到大大改善的例子只有几个：从汽油中去除铅，氯气生产不再使用汞，农业上不再用 DDT，电力工业不再用 PCB，军工企业不再在大气中进行核弹爆炸试验。只有从源头上——即在可能产生污染物的生产过程中——摧毁污染物，才能真正消除污染；而一旦污染物生产了出来，再想办法就为时太晚。"❶。因此，可持续发展必须坚持高效性原则。因为，环境污染已经到了一个关键的时刻，任何不彻底的、不及时的规划方案都等于是空中楼阁。不同于传统经济学，这里的高效性不仅根据其经济生产率来衡量，更重要的是根据人们的基本需求得到满足的程度来衡量，是人类整体发展的综合和总体的高效。

（5）变动性原则

可持续发展以满足当代人和未来各代人的需求为目标。随着时间的推移和社会的不断发展，人类的需求内容和层次将不断增加和提高，所以可持续发展本身隐含着不断地从较低层次向较高层次发展的变动性过程。

---

❶ [美]巴里·康芒纳. 与地球和平共处. 王喜六，王文江，陈兰芳译. 上海：上海译文出版社，2002：47.

4.4.4 可持续发展思想对设计发展的启示

可持续发展是一种思想，也是人类自身发展的一种战略与模式。它涉及的不仅仅是经济增长的指标问题，而广泛涉及科技、产业、社会结构与生活、人的素质与生态环境等方面。因此，可持续发展的思想是人类整个自身文化发展的思考与抉择，是人类对社会体系与生态环境的全面整合与推进。

设计的发展与进步离不开人类总体发展的目标，设计作为一种手段必须确保可持续发展思想的实施，在这个意义上，设计承担着十分重大的责任：它必须把人类可持续发展的思想转化为人的生活方式，转化为一切设计的对象。

图 4-8　Tripp Trapp 成长椅
它有效地增大了使用对象范围，它通过部件间的组合和调节，使其适用于从婴儿到成年人的各个时段，成为一件可以终身使用产品

可持续发展的思想给工业设计提供了发展的方向：

① 工业设计是人的体系、社会体系与生态环境组合而成的综合体系中的活动。设计的求解在本质上绝不是一种经济行为，也不是科技行为，更不是艺术行为，是对人的生存与发展方式的求解。

② 工业设计应是将当前利益与长远利益相结合的设计、规划行为。工业设计不是对设计资源的"竭泽而渔"，它本身也应该是可持续发展的设计。代际公平性应成为设计一个重要原则。

③ 工业设计应是将个人利益（或集体利益）和他人利益（或社会利益）相结合的设计。设计不应当是某一阶层人的代言人，为了满足自身的需求而影响、危害社会公众的需求，设计应是个人与他人、集体与社会利益的协调者。这种代内公平的思想应成为设计师的伦理思想的基础。设计应成为向社会所有人提供美好生活愿望的机会和手段。

④ 工业设计应当为人们可持续发展的生活方式及理性消费的实现提供可能，而不是单纯刺激人们更多、更快消费的手段。

4.5 设计——价值的选择与实现

4.5.1 人与环境的关系是设计的起点

环境问题（这里所指的是自然环境）与人口问题、能源问题并列为人类发展面临的三大问题。从根本的意义上说，这三大问题都涉及人类社会可持续发展的根本性问题。

设计作为在"人—产品—环境"系统中产品求解的活动，无论是过程还是结果，严格地受制于环境因素。因此，环境原则自然成为设计必不可少的、重要的设计原则之一。

生产是人类通过劳动作用于自然，把自然材料改造成对人类有用的东西。生产首先是以消费为目的的生产，消费是在生产范围内的消费。需求则不只是在需求的满足中重复再生，还会受到生产出的生活资料刺激产生新的需求。排出废物的方式作为消费结果，也由生产使用的材料和生产提供的生活资料来决定的。

但是，所有生产都是有目的的生产，且都是建立在设计之上。生产相对于设计来说，只是行动与实践，而设计是生产的灵魂与思想。设计直接面对需求而思考，面对需求而筹划。因此，是设计决定着生产，决定着消费，决定着产品从进入生产开始，经过消费使用，一直到被作为废弃物的废品整个过程与结果。设计作为人与自然间的中介，起着联系人与自然关系的作用，起着人如何影响自然的作用。可以这样说，正是设计活动这一行为，表明并决定了人以何种态度对待自然。自然如今的一切现况，不管是悲是喜，都是人类设计活动展开的结果。

工业化，或者说是现代化与环境恶化问题，至少说在现有的工业化或者说现代化进程中被证明与环境恶化有着直接联系，但不等于它们两者之间有着必然的联系。对自然环境友好的工业化或现代化应该是现代人类认真探索的一个重大问题。具体地说，人类应该有足够的智慧来解决这一问题，这也是设计的问题。

自然对于人类设计活动的展开具有三个方面的意义：

① 自然环境是人类自身赖以生存的环境空间；

② 自然环境为设计活动展开提供了自然资源；

③ 自然环境为设计活动的过程与结果提供了陈列空间、废弃物排放场所与空间。

无论是作为设计活动求取结果所必需的资源因素，还是作为设计活动结果必然走向废弃物的"排泄"场所，自然环境对设计的重要是不言而喻的。更重要的是上述第一点说明自然环境又是人类生存的唯一场所，自然环境的状况直接影响人类生存的质量与发展的可能。因此，自然环境对于设计来说不仅存在着设计有无可能再发展的问题，还存在着作为设计主体的人能否生存与发展的问题。更本质地论述这一问题，就是人类的设计行为与自然环境的关系，已成为人类的设计行为与自己作为设计主体的关系，也就是说，人类的设计行为，其本质就是设计自己的一切，包括今天、明天与后天的生存与发展。

设计与自然环境的关系，本质是设计与人自身的关系。人与自然的关系，是人类设计的起点。

4.5.2 设计——价值的选择与实现

在某种意义上来说，设计在人类生活的建构中所起的作用，在浅近层面上是创造出多姿多彩的产品形式，满足了人对产品的多元化审美需求；在中间层面上，是创造了人的行为方式；在深层面上，是创造了人的生存方式，反映出人对技术、对自然的理性思考与价值选择。特别是后者，真正体现出设计的价值与意义。

人类所有的技术成果，无一不通过产品的具体形式渗透进人类社会，达到满足人的需求的目的。因此，科学技术对人类是正面价值还是负面价值，都是通过设计这一行为予以实现的，因为科学技术自身不会直接进入人的生活。实际上，设计已成为科学技术进入人类生活的控制"关口"，把握着科学技术在人类生活中发挥着什么样的价值效应。从这一点上来说，设计对于人类生存与发展的意义是十分清楚的，其重要性也不言而喻。

因此，把设计仅仅理解为产品的一种形式创造，或者风格创造，或者满足人的某一方面的生活需求，都与设计的真正本质相距甚远。设计是人与环境间的中介，是价值的选择与实现，这就是设计的本质与意义。

第5章

工业设计的特征

5.1 设计观念的系统性与设计元素的多元性

工业设计的系统论观念，既可以在设计哲理层面得以论证，也可在设计实践经验总结中得出。工业设计学作为一门既涉及"物"，又涉及"环境"，更涉及"人"的典型的交叉型学科，面临着必须理性地、且逻辑地处理多元设计要素时对设计的控制，使工业设计学科的科学特征更为鲜明。如果说，工业设计萌发初期是由于工业品造型所引发的原因，那么以后就进入功能与形式之间关系的纠缠，直至发展到今天，工业设计必须处理"人—物"、"物—环境"间的关系，使得其学科性质突显出其科学理性的光辉。

工业设计的理性色彩首先体现在确立系统观念与使用系统论的方法上，以致于工业设计成为融自然科学、社会科学与人文学科交叉综合于一体、以物为研究、设计对象的一门典型的系统论理论应用的学科。

20世纪40年代，由于自然科学、工程技术、社会科学和思维科学的相互渗透与交融汇流，产生了具有高度抽象性和广泛综合性的系统论、控制论和信息论。其中，系统论为人们认识各种系统的组成、结构、性能、行为和发展规律提供了一般方法论的指导。人们研究和认识系统的目的之一，就在于有效地管理和控制系统，控制论则为人们对系统的管理和控制提供了一般方法论的指导。为了正确地认识并有效地控制系统，又必须了解和掌握系统的各种信息的流动与交换，而信息论则为此提供了一般方法论的指导。由于系统论、控制论和信息论的相互联系与相互结合，形成了具有普遍意义的系统科学理论与系统科学方法。

20世纪70年代以来，又相继产生了耗散结构理论、协同学理论、突变论和超循环理论，极大地深化和发展了系统科学理论和系统科学方法。

5.1.1　系统论及其基本概念

系统论是研究系统的模式、性能、行为和规律的一门科学。一般认为，系统论的创始人是美籍奥地利理论生物学家和哲学家路德维格·贝塔朗菲。系统论作为一门高度抽象性的新兴学科诞生以后就充分显示了它的一般方法论的功能，被广泛应用于自然、社会和思维的各个研究领域中。

系统及其基本概念，如系统的要素、结构、环境、性能等，是理解和掌握系统的基本特性和系统方法的前提。

系统是由若干基本要素以一定的方式相互联结成的、具有确定的特性和功能的有机整体，并且这个"整体"又是它所从属的"更大整体"的一个组成部分。

（1）系统的要素

系统的要素是指构成系统的基本单元或基本元素。系统和要素的区别是相对的、具体的。例如自行车的车轮是一个系统，这个系统是由轮圈、轮胎、内胎、钢丝等基本元素所构成。而车轮对于自行车就不是基本元素，而是自行车系统中的一个子系统。

（2）系统的结构

系统的结构是指组成系统的各个要素之间的比例构成及其相互联系、相互影响的内在方式。系统的结构一方面具有相对的稳定性，它反映着组成系统的各要素之间的相对稳定的联系，并使系统保持一定的质的规律性。另一方面又具有一定的动态性或可变性，它反映着系统整体性能的变化和发展，在一定条件下甚至会出现质的飞跃。

（3）系统的环境

系统的环境，也叫系统的外部环境条件，是指系统所存在的更大系统。系统的环境是具有层次性的，第一层次如果是系统所处的直接的更大系统，那么，这个更大系统还处在一个更更大的系统之中，如此等等。如汽车这个产品就是一个系统，人是汽车这个系统的外部"环境"，当人与汽车组成一个新的系统时，这个系统就是一个比汽车这个系统更大的系统。这时社会环境与自然环境就成为"人—汽车"系统的外部"环境"。当把"人—汽车"系统纳入社会、自然环境中，就产生了一个更大层次的系统，即"人—汽车—环境"系统。系统与其环境之间是相互联系、相互影响的，具有物质、能量和信息的交流。

（4）系统的性能

系统的性能是系统整体的特性和功能。系统的特性表现为这一系统区别于其他系统的质的规定性；系统的功能则反映了系统与外部环境相互作用的程度，或系统获取输入并予以变换而产生输出的能力。一般说来，系统的性能是由构成这个系统的要素和结构两个方面共同决定的，同时，系统的外部环境又具有重要的影响。因此，要改变和提高系统的性能，就应当改变和提高组成系统的各个要素的性能；优化系统的结构，提高系统内部各要素间的协同能力；协调系统与其外部环境的关系，提高系统对于环境的适应能力。

5.1.2 系统设计的基本原则

为了正确地运用系统方法研究和解决具体系统的问题，必须遵循下列基本原则。

（1）目的性原则

在运用系统方法研究和解决具体系统问题时，必须具有明确的目的性。目的明确，才能具体确定所要达到的目标和应当完成的任务；才能具体确定整个研究过程的具体环节和步骤。这不论是认识一个系统以揭示系统的本质和规律，还是设计和创造一个系统并对系统进行管理和控制，都是如此。所以，系统方法既是确定目标，同时也是实现目标的方法。

（2）层级性原则

系统具有普遍的层次和级别的属性和特征。这是由于任何系统与其他相关系统的结合形成为更大的系统，而系统自身就成为这个更大系统中的一个特定层次上的子系统（或要素）；系统又是由若干子系统所构成的；子系统又是由若干更低层次的子系统所构成；如此等等。总之，整个世界就是一个大的系统阶梯，任何具体系统总是处在世界这个大系统阶梯中的一个特定的层次和级别之上。

层级性是系统的普遍特性。运用系统方法研究具体系统时就必须从系统的这一普遍性出发，才能进一步确定待研究的对象系统在整个外部环境大系统中所属的层次和级别；认清对象系统与外部环境中其他平行系统之间的区别和联系，揭示对象系统在外部环境中所处的地位和应起的作用；明确对象系统的边界范围和约束条件。同时，也才能够进一步明确对象系

Chapter 1

Chapter 2

Chapter 3

Chapter 4

Chapter 5

Chapter 6

Chapter 7

统的组成、结构、行为、功能的层次和级别性，从而更深刻地认识对象系统的本质和规律。

（3）结构性原则

系统是由要素构成的，但是，只具备了要素，而各要素没有以一定的方式联系起来，也不能构成为相应的具体系统。因此，任何系统，其构成的子系统之间都具有相应的联系方式，即都具有相应的内在结构。结构性是任何系统所共同具有的普遍的属性和特征。正如不可分解为子系统的系统是不存在的一样，没有结构的系统也是不可能存在的。结构性是任何系统所共有的重要属性，它之所以重要，就是由于系统的结构同系统的要素、功能、行为及其变化和发展具有密切的联系。在运用系统方法研究具体系统时，从系统的结构出发，去认识要素与要素、要素与系统的相互联系；分析系统整体的特征，改变和提高系统内部的协调能力和外部环境的适应能力以及系统整体的功能水平；揭示系统运动、变化和发展的规律和趋势，是一条极为有效的途径。

（4）整体性原则

整体性是系统最基本的特征之一，主要表现在以下几个方面。

① 系统存在、构成的整体性。系统虽然是由子系统构成，但它不是子系统的杂乱堆积和简单的拼凑，而是各子系统的有机结合而形成的统一整体。子系统只有在整体中才具有该系统子系统的意义。一旦离开整体，就失去了作为该系统子系统的意义。

② 系统特性、功能的整体性。各子系统虽然反映和分担着系统整体的特性和功能，但系统整体的特性和功能不等于各要素的特性和功能的机械相加，它是单个子系统所不具备的，也是各子系统在孤立的状态下所不具备的。因此，子系统结合成系统整体，这个整体要具有区别于子系统或子系统在孤立状态下的特性和功能。即使是某一个子系统，它在系统整体中的特性和功能也不同于它在孤立状态下的特性和功能。

如汽车发动机作为一个系统是整个汽车的一个子系统。作为一个系统的汽车发动机，由汽缸体、汽缸活塞、火花塞及汽油等更低层级的子系统或基本要素所组成。当汽油以一定的分量进入汽缸体，并被压缩然后点火爆炸。其推力推动活塞运动。这种活塞运动的功能，既不是汽缸体子系统、活塞子系统及火花塞子系统中哪一个子系统所产生，也不是汽油这一构成要素的功能，也不是它们简单相加所产生的。而是它们各自作为子系统与要素，以特定的结构方式，组成一个系统的整体性才能产生的。

③ 系统行为、规律的整体性。系统的行为和规律是通过系统整体的运动、变化和发展表现出来的，是由系统的子系统、内部结构和外部环境共同决定的，它既不归结为某一子系统的行为和规律，也不等于各子系统行为和规律的简单相加。

整体性原则要求人们运用系统方法研究具体系统时，必须从系统整体出发，去研究系统的各个方面，其中尤其是应当把要素或要素构成的局部当作与系统整体相联系的一个部分去考察，而不是孤立地去考察，从而使系统方法同传统的机械论方法相区别开来。同时，系统的特性、功能和规律是通过系统整体的运动、变化和发展表现出来的。所以，只有从系统整体出发，才能真正揭示出系统的特性、功能和规律。

（5）相关性原则

系统作为由若干子系统以一定方式相互联结成的、并处于一定外部环境中的有机整体，具有突出而普遍的相关性，在子系统、结构、系统整体、外部环境之间形成了各种相关性的相关链。

① 子系统←→结构←→子系统的相关链，它反映了子系统与子系统之间通过结构而密切相关。一个子系统的性能和行为的变化会引起系统结构的变化，并通过结构而影响系统其他子系统的性能和行为的变化。

② 子系统←→结构←→系统的相关链，它反映了各子系统通过结构而与系统整体密切相关。各子系统性能和行为的变化将引起系统结构的变化并通过系统结构的变化而影响系统整体性能和行为的变化。

③ 系统整体←→外部环境的相关链，它反映了系统整体通过系统的输入与输出同外部环境密切相关，或者是系统整体同外部环境之间通过物质、能量和信息的交流而密切相关。

系统方法的整体性原则是通过系统方法的相关性原则而深化和具体化的。所以，在运用系统方法考察系统的任何一个方面时，都必须与这一方面密切相关的系统的其他方面进行综合的、全面的研究。

（6）最优化原则

系统整体的最优化，既是系统方法的根本出发点，也是系统方法的最终目的和归宿，它贯穿于运用系统方法研究具体系统过程的始终。如果离开了这一点，也就失去了系统方法的意义。系统整体的最优化原则要求，一方面要从各种可能性的系统方案中选取可行性的系统方案，并从可行性方案中抉择最佳的系统方案，以便实施。同时，在实施过程中，又要通过各种信息反馈，及时地进行修正和补充。另一方面，又必须优化系统的内在结构，强化系统要素间的协同作用，增强系统整体的环境适应能力。

5.1.3 产品与产品设计系统的结构

产品与产品设计系统的结构呈现出一个十分典型的系统性，结构如图5-1所示。

产品作为一个系统，是由若干个子系统（子系统1、子系统2、子系统3……子系统 n）依一定的结构特征所组成，而各个子系统又有可能由更低层级的子系统 $1A$、子系统 $1B$、子系统 $1C$、……子系统 $1N$ 等组成，直至最低层级的基本要素。

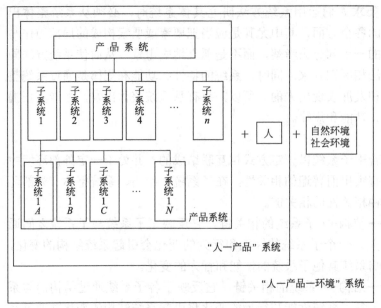

图 5-1　人—产品—环境系统的构成

当人使用产品时就形成"人—产品"系统，在这个系统中，人与产品分别成为子系统，这两个子系统的任何一点变化，都影响"人—产品"系统的总效率。

当"人—产品"系统与环境（社会环境与自然环境）又分别作为子系统构成"人—产品—环境"系统。在这个系统中，产品设计目的就是确保系统最优化原则前提下寻求产品的最佳解答。

5.1.4　产品设计的系统性

产品自身的要素构成及产品设计的环境都体现出设计的系统性。

（1）从产品的设计环境角度来考察产品设计的系统性（图 5-2）

产品设计实际上是产品在由人、科技、经济、社会环境、自然环境与其他产品等众多要素组成的所谓设计"环境"中的求解活动。因此，产品设计不是产品的技术设计，也不是由产品的艺术设计那样由单一要素控制产品结果的线性设计模式，而是由众多要素参与组织而成的"环境"对产品设计行为的约束与限制，呈现为一种复杂系统中求解结果的非线性的复杂行为。从这一点来说，产品设计是一种典型的系统工程，一个

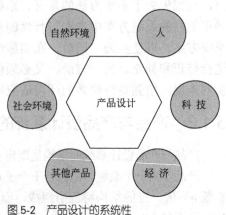

图 5-2　产品设计的系统性

要素的过多"越位"都可以引起整个系统结果的变异。

从理论上说，处于设计环境中的产品的设计活动，是产品与构成设计环境的众多要素所构成的"人—产品—环境"系统最优化前提下的产品设计的求解行为。如此产生的产品设计方案，能保证"人—产品—环境"系统的最优化。但不一定是"人—产品"子系统的最优化，当然亦不会是产品自身系统的最优化。

在中国的计划经济年代，产品供不应求，因此，产品设计就是一个典型的产品自身封闭系统的设计。即产品设计就是产品的技术设计，这种技术设计的本质是在技术王国中寻求产品成立并存在的可能，而不顾及产品的人文价值与环境价值。如果说这种设计在经济短缺、产品供不应求的年代尚可理解外，在今天则意味着对人文价值、环境价值的不屑与蔑视。

（2）从产品自身的功能构成要素来考察产品设计的系统性

产品作为人与环境的中介，合目的性要求使得产品必须满足人对产品的种种需求。因而产品的功能构成就是一个产品的功能系统。

图 5-3 表示出一个产品的功能系统的构成。产品功能系统的构成有着如下的特征。

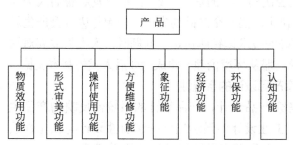

图 5-3　产品功能系统的构成

① 如同一般系统特征一样，这一系统中的任何一个子系统都会影响其他一些子系统与整个系统的功能与特征。如审美功能这一子系统会影响符号功能子系统、经济功能子系统、环境协调功能子系统与操作功能子系统等，也影响产品作为整个系统的特征与功能。

② 产品功能系统结构在不同的时代表现出不同的内容。这是由时代差异所引发的人的需求的差异。在中国经济短缺年代，产品供不应求，能买到一个有一定物质使用功能的产品已属不易，谈不上用户对操作功能、审美功能、符号功能、环境协调功能及维护功能等的过多要求，因此表现为人的这些需求的抑制，而这种状况，又加剧了企业对产品设计认知的更加片面性，使得本应作为商品的产品在中国很长的历史时期内缺乏自发的工业设计土壤。

在这一段时间，产品的技术设计即物化设计成为产品设计的全部内容。一个好产品的概念就是一个产品具有最好的技术质量。

③ 在大多数情况下，人们对产品的一般认知是，产品的物质使用功能是产品的基本功能、主要功能，而其他的功能可称为附加功能。这种说法有它的合理性，因为这符合了一般产品规律。但是这种"主要功能与附加功能"的概念会产生一些理论的矛盾。当一个产品的审美功能或者符号功能中的象征功能成为一个产品功能系统中的主要功能时，那么设计创造的审美价值、象征价值所从属的附加价值将大大超出实用价值时（如手表的计时功能下降为附属功能，而其审美功能与象征功能上升为主要功能），就无法在理论上解释为什么产品设计中会出现附加功能的价值会大大高于主要功能的价值。

产品功能系统中的各种功能，在不同的需求状态下，或者在需求多元化的时代中，人们对产品功能的主要需求与次要需求不是固定的概念。这种"不固定"，既反映在动态（历时态）的需求变化中，也反映在静态（共时态）的需求多样化中，因此，主要功能与附属功能不是绝对的概念，主体价值与附加价值也不是何种功能的价值专指。

随着时代的发展，如果人类不采取切实有效的方法来控制地球环境的恶化的话，那么人类生存的环境问题就成为一切产品设计行为的约束与控制的首要条件，就有可能成设计行为"一票否决制"中的这一"票"。不断发展着的人类与人类意识，将会十分理性地作出决定：当一个产品的生产、使用与废弃会产生较大的环境问题，且也无法提供更好的技术途径解决这一问题时，人类将放弃对这产品的占有欲望。"宁可放弃需求，服从环境伦理"将成为今后人类的基本美德。

（3）从产品的生命周期构成来考察产品设计的系统性

从产品的生命周期角度来考察产品设计，产品设计的系统性反映为产品生命周期中各个阶段设计的集合，工业设计中显示出一种超前性设计与预见性设计的特征。图 5-4 表示出从产品生命周期出发的产品设计的系统性。

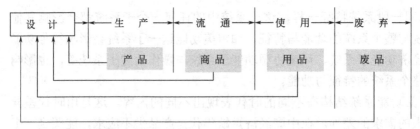

图 5-4　从产品生命周期出发的产品设计

① 产品设计首先必须反映生产阶段作为生产对象的产品在生产过程中，即物化过程的合规律性的特征与规范。生产技术、生产工艺具有一定的规范性与限制性，超越这种规范与限制，就等于超越了生产的可能性而无法生产，或无法保证产品质量。因此，掌握一定程度与一定知识面的生产技术与生产工艺知识，是设计师知识与经验储备的基本，是使设计顺利走向物化的关键。设计的

"下游"是物化，设计与物化两个阶段的顺利接口是设计进入生产的基本要求。

②　产品设计必须反映出产品物化后进入流通领域的商品特性，使处于流通领域中的商品能最大程度地被消费者接纳。在保证产品安全前提下方便运输的大包装，进入商场后便于消费者识别、认知的小包装，以及体现特定交换价值的产品的符号化设计等商品特性，都应该反映在产品的设计中。

③　产品设计必须反映出产品作为用品的全部特征。作为符号的产品及产品界面的对使用方式的提示；使用过程中宜用性与有意义的体验性；故障发生后的可维修性与维修方便性；产品使用过程中资源的耗费，对社会环境与自然环境的影响等的要求，都必须反映在产品的设计中。产品作为用品是整个产品生命周期中历时最长的生命阶段，因此也是产品设计的重点。产品设计程序中的大多数内容就是针对用户展开的。这几年发展起来的"用户研究"的设计方法就是针对用户对产品的需求与使用特征展开种种方法的调查与研究，如访谈、跟踪摄影、跟踪摄像，以期在较精细的程度上得出用户产品使用时的行为特征，给产品的设计提供从宏观到微观的用户需求信息。需要指出的是，"用户需求"并不是专指用户对产品效用功能、审美功能、操作功能等产品的"宏观"结构，也包括用户在产品使用时呈现出来的行为特征。如视觉扫描路径，认知特征，按、扭、旋、转的动作特征，折叠与展开的动作特征，以及使用产品时的时段、使用时间、使用时与其他生活方式的交叉与组合特征，使用肢体的工作状态以及可能带来的舒适度的影响等等"微观"意义上的行为特征。后者的特征研究是产品设计进入所谓"微观"设计阶段所必需的。

④　产品设计必须反映出产品成为废弃物，即废品的处理方式

废品的处理方式，直接反映出产品设计对环境因素的认识。生态化要求产品设计必须重视产品成为废品后的处理思想与处理方式。如废品的分类，一部分仍可使用的零部件予以回收，并经处理，重新成为产品的零件与部件；一部分只能作为原料回收的零部件经回收系统重回原料源头；余下只能丢弃部分必须在自身降解过程中符合时间与环境影响的要求等。生态化要求设计能回收仍能用作零部件的部分与用作原料的部分尽可能增加比重，使真正废弃的部分尽可能地减少甚至为零。在这一方面，许多欧洲国家企业设计思想与方法很值得中国的设计界、企业界思考并吸收。

5.2　设计目的的人文性与设计对策的多样性

5.2.1　设计目的的人文性

设计的本质是人的生存方式的设计，是更合理生存方式的创造，是人的生

存质量的提升。这反映出工业设计的最高目的：体现人的价值与人的尊严。这使工业设计充分体现出人文性与人文价值。

物作为人与环境"对话"的中介，合规律性与合目的性是其两大特征。产品的合规律性，体现在两个方面：一是合产品物化的"规律性"，使产品物化成为可能；二是合与环境"对话"的"规律性"，使产品与环境"对话"成为可能。前者体现生产技术的规律性，后者则体现为产品功能技术创造的"规律性"。拿电视机来说，前者指电视机大工业流水线生产的"规律性"，后者指电视机图像、伴音功能技术的"规律性"，它们基本上都属于自然科学与工程技术的范畴。

产品的合目的性，是指产品合人的需求的目的。它体现为两个层面：一是产品的功能性结构是否能满足人对产品的各种功能性需求，这称之为功能性目的。如物质效用功能、审美功能、象征功能与经济功能等等。这是产品之所以存在的根本理由，是产品产生的最基本的尺度。二是产品的操作性结构与符号功能中的认知功能结构是否具有高度的宜用性，即方便认知、方便使用的目的，这称之为宜用性目的。

图 5-5 表示了作为人与环境"中介"的物，具有工具、手段的性质，它是实现人的需求的工具。人设计、生产一个物，目的是使其成为与环境"对话"的工具，从而达到服务于人的目的。

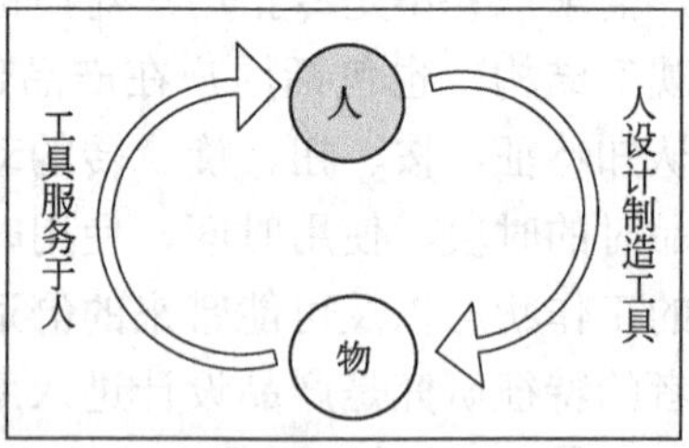

图 5-5　人—物关系

在这里必须强调手段与目的的各自概念。相对于服务于人的最终目的来说，手段是次要的。对于产品来说，手段可以不同，即提供服务的技术可以有不同的途径与方法。但必须保证目的的实现。在工业设计中，目的永远高于手段。

工业设计中，始终强调目的的重要与意义，其实质就是强调为人的本质，即人文价值。这是工业设计思想的起点，也是终点。在设计中，把产品的视觉化、审美化作为目的追求的话，那么设计就只能停留在产品造型方案的创造上，不可能向纵深发展。这种把工业设计与人的多元需求分离开来的思想，表现了设计全方位服务于人的最高尺度的缺失，这将导致设计走上异化之路。

当设计从物的制作中独立出来，成为一个专门的学科后，人与物系统中增加了设计的要素，就构成了如图 5-6 的关系。

在这个三角关系图中，人既是设计的出发点，也是设计目的的终点。设计从物的制作中分离出来，本质是强化了设计作为物在物化之前的人性与人文价值的控制，即人性保障，当然也强化物在物化过程中的合规律性规范，即物性保障。

图中"人"至"设计"的过程，即设计方案的人格化过程。所谓人格化过程，就是对人的需求进行调查、研究、分析与归纳，提炼出人性化需求，从而使设计的人性化条件明确化与目标化，给物的人格化打下基础。当然这个过程也包括设计对物化技术条件的调查与物的合规律性的规范。

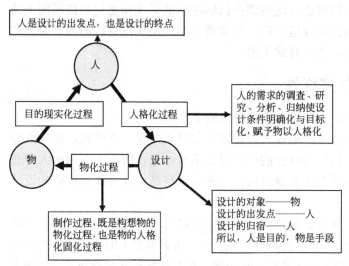

图 5-6　人、设计、物间的关系与意义

在群的意义上，工业设计的出发点是一定文化背景下特定人群的生存方式、生活模式与生活水平。

作为具体的人与人群，都是在不同的文化背景下以特定的生存方式活动着。设计作为过程与结果，就是赋予物以不同的人格化特征——生存方式的特征。

因此，生存方式既是工业设计的出发点，又是工业设计的归结点；生存方式既是工业设计必须遵循的前提与条件，又是工业设计可以改造与优化的对象。

"设计"是一个过程，也是一个结果。当过程发展为结果，就进入"设计"到"物"的物化过程。

设计，综合了物的人格化与物态化目标与规范，就开始进入物的生产过程，即方案的物化过程。物化过程产生物的结构中，既固化了人格化特征，也固化了技术手段特征，使物成为既是人与环境"对话"的中介工具，又是人的肢体、器官及能力的延伸与放大，成为人的一部分。

"物"至"人"的过程，是物服务于人的过程。这一过程是物的目的现实化过程，即使目的成为事实，而不是预想中的可能。同时，这一过程又是物服务于人的"品质"的评价过程。这种评价既是对物服务于人的程度与品质评价，也是对设计起点——设计人格化思想与过程的评价。

严格地说，设计评价的重要性是不言而喻的。这既涉及对设计思想、设计观念等设计思维评价，也是对过程中的方法论评价，即设计文化的整体评价。

但是很遗憾，设计尚未真正建立起这种评价机制。这既反映了中国工业设计历史的短暂，也反映了对现代设计文化理性思考的缺位。关于设计评价（即设计批评），将在后面另行论述。

事实上，现实中并未真正缺乏设计评价。产品的市场调查、销售调查等实质上是对设计的商业反馈调查，这些调查虽然往往缺乏设计文化价值层面上的理性思考，但却成为当前企业运行的一个重要方面，反映出这样的调查对当前企业的产品开发与设计不是没有意义的。

5.2.2 设计对策的多样性

设计目的的人文性，必然导致设计对策的多样性。

设计对策，即设计方案，是以人的特定文化背景，即文化模式，如生活方式、生活水平、生活结构等为目标的产品设计求解结果。因此，不同的人群有不同的生活方式。在满足不同人群的同一需求时，产品设计应该有不同的设计方案与之对应。

工业设计这种设计对策的多样性，体现了人的需求多元化与复杂性。不同文化背景下形成的文化民族性、区域性，以及同一文化背景下的人的需求的变异性，使得人的需求呈现既复杂又多样，从而使工业设计学科截然不同于自然科学与工程技术领域中的各类学科。自然科学与工程技术各个学科的求解，只存在唯一性的正确答案，因为客观世界中事物演变的规律具有同一性。而工业设计则必须而且也应该存在着多个方案与不同群体的需求的多元化与复杂性相对应。因此，工业设计产生的方案只有"更合适"、"更佳"。"最佳"只能使用在为满足同一个消费群需求时的若干个设计方案的比较中，在不同的消费群体、不同地域、甚至不同气候特征的前提下，"最佳"的概念就不存在。因为它们彼此间没有可比性。

5.3 设计意识的创造性与设计思维的交叉性

5.3.1 设计意识的创造性

对于工业设计来说，设计就是创造，设计就是创新。没有创新的设计不能称之为"设计"，只能称为 copy（拷贝）与模仿。严格地说，"创新性设计"与"创造性设计"的提法容易引起设计理论逻辑的混乱，因为这一种说法容易使人认为还存在着一种没有任何创新的"设计"。这与一些文章中所提的"人性化设计是这些年来出现的设计思想与设计方法"等此类说法一样，违背了工业设计最基本的理论基点。因为按照这种说法，难道"这些年"之前的工业设计都是非人性化设计？难道还存在着非人性化、甚至反人性化的工业设计？

创造总给人以神秘的感觉，因为一般认为，创造往往与高科技联系在一起。特别是产品设计，有了高科技与新科技的支撑，产品设计的创造就更为容易实现。

"需求是发明之母"，这句话也可被修改为"需求是创造之母"。人对产品的"需求"中，包含着从物质到精神每个方面的需求：物质效用功能的需求，操作功能的需求，审美功能的需求，认知功能与象征功能的需求，维修功能的需求，经济功能的需求，环境协调功能的需求，以及废弃的生态化要求等，任何一个方面需求的新的满足都意味着设计的创新。

根据工业设计的有限性原理，所有的产品设计事实上都存在着"先天"的缺陷：由于人（设计师）的认知局限性，以及产品消费群体时时刻刻的变异性，这就注定了设计的产品相对于消费群体需求存在着一定的滞后性。更何况功能技术、生产技术等始终处于不断的发展与进步之中，以及从设计开始启动到设计的产品进入市场需要一定的周期，使得这种"滞后性"更为严重。这种"滞后性"使得设计距离设计的理想目标始终存在着某些不足与遗憾，在设计的产品上体现为某种缺陷。

但是，在另一方面，时代的变化、人的变化、技术的进步以及文化的发展，既给设计带来了变化的要素，也给设计提供了创新的可能。因为上述要素的变化将引发产品消费群体的新需求，产品设计对这些新需求的满足就构成了设计的新颖性与创新点。

综上所述，产品设计中，一方面，设计师必须充分调查消费群体的各种需求，尽可能完满地满足这些需求，以达到最大程度的创新；另一方面，在理论上由于设计"滞后性"的存在，设计并不可能十全十美、完美无缺。设计的创新或创造始终存在着一定的不足与遗憾。这或许是具有一定人文特征的学科的特点，工业设计也不例外。

5.3.2 设计思维的交叉性

与绝大多数学科所使用的思维不同，工业设计的思维特征是逻辑与形象思维的交叉，即理性思维与感性思维的交叉。虽然许多自然科学学科的研究需要形象思维的帮助，人文与艺术学科也需要理性的逻辑思维来提升它们的科学程度，但是它们都不可能像工业设计那样，对这两种思维方式同时有着较高的要求。

作为中介的产品，一面联系着环境，必须与环境"对话"，并使"对话"达到效率的最大化。这就必须依赖理性思维即逻辑思维对客观环境进行理性的、科学的探求与判断。没有对客观环境规律性的正确认知，就无法作出正确判断，也就无法赋予产品以合规律性的特性，如自然环境的规律性、社会环境的规律性。它们都不是以人的意志为转移的客观规律，逻辑思维是认知它们的最好思维方式。

作为中介的产品，另一面联系着人。关于产品的人性化问题，前面已经讨论得较多。产品的人性化即人化包含着两个方面内容。

① 在理性思维上，认知设计的人化本质即文化本质。也就是说，在产品设计中必须确立设计的本质是什么，为什么这是设计的本质，以及设计评价的价值体系与优劣标准等。这些问题的回答实质上已经构成设计的本体论内容。要对这些问题作出正确的回答，必须从设计的哲学、设计的文化学层面寻找。

这些涉及人的科学与社会科学的根本性问题，运用的逻辑思维与科学理性。

②产品的设计涉及人的情感部分。如产品的审美形式与操作方式，将赋予人以审美感受与操作的体验感受，产品符号的认知功能与象征功能，都必将调动起人的形象思维而建构起对产品在新的层面上的认知。设计大师科拉尼的有机设计，给人们带来多少幻想与联想。这种"诗"性的形态特征与"诗性"的操作体验，将赋予人们愉悦的、诗意情感体验与极富感染力的想象。

产品设计中的逻辑思维与形象思维的应用，绝不是在各自完全独立的思维层面上进行的，有时是以无法剥离的，完全有机交融的状态共同发挥着它们的功用。比如现代桥梁的设计，其物质效用功能的内容就是其形式，桥梁的形式需要形象思维的创造，但是这其中又包含着逻辑思维的理性作用。没有严谨的合规律性的理性思维，如何保证这一优美形式的成立并存在！

需要指出的是，在设计理论与设计实践中，往往把设计的本质归结为"科学＋艺术"或"技术＋艺术"，科学与技术指向产品物化所涉及技术及产品物质效用功能所涉及的自然科学与技术，基本上忽视了或者否认了人的科学与社会科学对产品设计的约束与限制，且这一切的约束与限制比起自然规律来，表现更为复杂化、隐蔽化、非数量化与模糊化。许多产品在市场上的失败，并不在于物化技术及产品功能技术的错误应用，而是败在对人的科学与社会科学缺乏应有的基本认知。

逻辑思维是"人们在认识过程中借助于概念、判断、推理反映现实的过程，又和'形象思维'不同，以抽象性为其特征，故亦称'抽象思维'"❶。

形象思维又称艺术思维。

通常情况，人们总是把这两种思维方式分别作为科学研究与艺术创作的思维方式，认为他们之间存在着无法统一的特征。实际上，这种认知正是导致科学文化与人文文化、科学精神与人文精神分离的主要原因。确实，在科学研究与艺术创作中是主要使用了逻辑思维和形象思维，因为这两种思维方式分别适应了科学研究与艺术创作这两个领域各自的内在规律。但是，无论是科学领域还是艺术领域，同时也需要与另一种思维方式进行交叉与融合，也就是科学领域需要形象思维，而艺术领域也要逻辑思维，其原因就是两类思维交叉将大大有助于这两个领域研究与创作的进一步纵深发展。

逻辑思维与形象思维可以说是人的科学精神与人文精神在思维方式上的表现，"而思维方式是人的一切观念、知识、经验、情感、意志的集合体。"❷逻辑思维中，"我们得到的是抽象，失去的是形象；得到的是'本质'，失去的是'丰富多彩'；得到的是正确的细节，失去的是朦胧与整体的美。"❸

相反，对于形象思维来说，宁愿要感人肺腑的形象，而不要抽象；宁愿要

❶ 《辞海》缩印本. 1989, 1193
❷❸ 肖峰著. 科学精神与人文精神. 北京：中国人民大学出版社，1994：8，14.

"丰富多彩"的世界，而不要只剩下"本质"的世界；宁愿要朦胧之美、不精确之美与整体之美，而不要没有意义的细节、清晰而精确的冷冰冰的数字描述。

实际上，这两种思维方式被人类所共同采用去认识自然世界与人的世界，他们都是人的思维方式，共同解剖着自然世界与人文世界中的一切。

"世界是统一的，但认识世界的角度却可以是多样的"。[1] 同样，物是统一的，但可以从不同的角度去认识物。正是出于这样的原因，才用不同的角度、以不同思维方式分析物的构成的本质与特点。

设计思维，实际上是交叉与融合了逻辑思维与形象思维，去认知作为设计对象的物，去评价作为设计结果的物。

两种思维的结合，使得理智与情感、分析与体悟、追求精确与感受朦胧等两极端得以沟通与交融。如此，使设计的物既能符合自然尺度又符合人文尺度。

对自己所创造的"物"的评价，不仅要从客观规律出发，视其"正确"还是"错误"，还要从人出发看其能否使人"满意"，符合人的"需要"。也就是说，对自己的创造物，不仅要追求"真理"，还要追求"价值"。事实上，追求"真理"与"价值"的统一，追求自然规律中的"优化原则"与人文世界中的"满意原则"的叠加，正成为现代人一切创造活动的总尺度。

工业设计就是创造千千万万的物性与人性高度统一的"人工物"。这些"人工物"既是"自然世界"向人的延伸，也是人向自然世界的延伸。在它们身上，既有自然的构造，也有人的灵魂，在这个意义上说，物既是自然的浓缩，也是人的镜子。

严格地说，设计活动并不完全直接运用逻辑思维与形象思维，而是运用它们具体的、可实际使用的，诸如发散思维、收敛思维、逆向思维、联想思维、灵感思维及模糊思维等思维形式进行设计的创造活动。

5.4 设计本质的文化性与设计评价的社会性

5.4.1 设计本质的文化性

（1）文化的定义直接揭示了设计的文化本质

讨论设计本质的文化性，首先得了解文化的概念。文化的定义与概念有上百种之多，它们都从不同的角度来界定文化的含义，但又有着很大的差异性。这说明，文化所包含的内容具有丰富性与复杂性。

中国学者梁漱溟认为"文化是生活的样法"、"文化，就是人生活所依靠的一切"；克林柏格把文化界定为"由社会环境所决定的生活方式的整体"；美国人类学家 C. 威斯勒认为，文化是一定民族生活的样式。由此可见，许多学者都把文化界定为一个民族的生活方式。

---

❶ 同上第 22 页。

工业设计的本质是"创造更合理的生存方式，提升人的生存质量。"这在前面已作了较多的讨论。因而，"设计本质是一种文化创造"的结论是必然的了。

（2）设计目的的人文性与设计涉及的文化领域，表明了设计活动的文化本质

设计的文化性，意指工业设计作为人类一种创造活动，具有文化的性质。也可以说，设计是一种文化形式。从工业设计涉及的知识领域进行分析，工业设计涉及文化结构中的大部分领域。

工业设计涉及科学技术、社会科学与人文学科三大领域的知识。科学技术是工业设计首先必须涉及的领域。设计的结果——产品的生产，必须严格地符合科学技术的客观尺度。任何违背这种客观尺度的设计构想，都无法实现，因而也是毫无意义的。在科学技术中，工业设计涉及物理学、数学、材料学、力学、机械学、电子学、化学、工艺学等。

设计产品的应用，不是一个人的行为，而是社会群体、甚至整个社会的行为，因此，工业设计还涉及社会科学。必须通过对社会中的社会结构、社会文化、社会群体、家庭、社会分层、社会生活方式及其发展、社会保障等等问题的分析与研究，将分析与研究的结果应用于产品设计，才能使设计的产品为特定群体所接受，针对设计的产品的审美问题，还必须研究社会系统中的审美文化、审美的社会控制、审美社会中的个人、审美文化的冲突与适应、审美的社会传播、审美时尚等与工业设计密切相关的专题。

工业设计还广泛涉及人文科学领域。哲学、人类学、文化学、民族学、艺术学、语言学、心理学、宗教学、历史学等人文学科都在不同程度上与工业设计相关。它们向工业设计的渗透，正在产生着、并将继续产生诸如设计文化学、设计哲学、设计社会学、设计心理学、设计符号学、行为心理学、生态伦理学、技术伦理学等。其中设计哲学与设计文化学站在设计的最高点，从探讨作为人的工具的产品与产品的使用者——人之间的基本关系入手，揭示出产品设计的实质，从而正确地把握设计的方向，使人类的设计行为与设计结果避免走上异化的道路。从设计哲学的视野看来，工业设计的实质是设计人自身的生存与发展方式，而不仅仅是设计物。一个好的设计应是通过物的设计体现出人的力量、人的本质、人的生存方式。

其次，考察工业设计在处理人与产品关系上的指导思想，可以发现，工业设计的哲学思想完全呼应着人类的文化内涵。

工业设计的目的，是通过物的创造满足人类自身对物的各种需要，这与文化的目的不谋而合："文化就是人类为了以一定的方式来满足自身需要而进行的创造性活动。"❶ 尽管两者在满足"需要"的范围上不能等同，但工业设计思想在指导物的创造、满足人类自身对物的各种需要上，都深刻地反映了文化的目的。

工业设计的对象是物，不管这"物"对人起到何种作用，在本质上，它们都是人类的工具。在哲学上，工具具有双重的属性："工具的人化"与"工具

---

❶ 陈筹泉，刘奔. 哲学与文化. 北京：中国社会科学出版社，1996：115.

的物化"。在工业设计的视野中，"工具的人化"是指工具适合人的需求的人性化；"工具的物化"是指工具存在的客体化。

"工具的物化"在浅近的层面上，就是使人的工具构想如何实现。因此，"工具的物化"，主要涉及工具作为"物"的制造技术与工艺。此时，工具独立于人之外而成为人的客体。工具在"物化"过程中，人们关注的是"物化"的方法、途径。因此，在"物化"过程中，人们是把物化的对象—工具作为目的来追求，亦即把科学技术的应用、使工具的构想成为现实作为目标。

"工具的人化"的本质是在工具上必须体现出人的特性，使工具这一客体成为人这一主体向外延伸的对象。工业设计认为，"工具的人化"，就是在工具上必须体现出人的特征与需求，使工具真正成为人的肢体与器官的延伸。即工具必须反映出人的这些特征：人的生存方式的特征、人的行为方式的特征、物质功能需求的特征及审美需求的特征等。只有这样，工具才能成为与人这主体高度统一和谐的一部分。

"工具的人化"表明了工具从自然物向人性化的发展，从而使工具成为人的一部分。人类通过"人化"了的"工具"来完成向目的的过渡。这样，工具对于人来说，它既是手段也是目的；它既是人的工具，也是人的"组成的一部分"。通过这样的认识，工业设计才能建立这样的设计思想：任何物的设计都是人的"构成"的一部分的设计，都是人这一生命体的生命外化的设计。

应该说，在产品的设计过程中，"工具的人化"与"工具的物化"应该成为设计工作中同等重要的问题。但是在过去很长的时间里，"工具的物化"成为我们目光的唯一关注点，甚至直到今天，"工具的人化"这一重要问题在工业设计中一直没有得到很好的研究。因此，这就使得我们的许多产品只能作为一个冷冰冰的、与人的各种需求距离相差甚远的"物"而存在，却不能成为"人的生命的外化"。因而，它们充其量是完成了"物化"过程的机械制成品，而不是"人化"了的、与人和谐统一的用品，更不是人的"组成部分"。

5.4.2　设计评价的社会性

设计与艺术及手工艺的一个显著区别是：设计从一开始就是社会行为，而后两者可以说是"个人"行为——艺术可以以艺术家个人为直接服务对象；手工艺可以只为社会群体中极少的一部分贵族阶层服务。但是，设计必须为尽可能多的消费者服务，为社会服务。因此，设计的评价主体当然是社会及社会群体，即接受消费的群体。

另外，设计还是一种社会行为，是一项社会工程，因此，它必须受社会的种种因素制约。反过来，设计同时又对社会产生巨大影响。

（1）设计服务对象的社会性，决定着工业设计评价的社会性

服务对象的扩展是现代设计与以往设计的重要区别之一。为权贵阶层服务

的手工艺将其设计局限在满足少数人的功利需要和审美趣味的范围之内。其设计的社会化程度较低，设计的社会效应也相应较小。

现代设计提出"设计为大众服务"的口号，这标志着以往传统的精英化设计的结束。民主化、大众化设计使设计的服务对象急剧增加，并且呈现出多层次、多元化的特点。在发达国家，中产阶级人数占人口的大多数，因此，设计的服务对象主要就是中产阶级。在我国，虽然经济的高速发展与生活水平的不断提升，中产阶级的比重远没有构成人口的主流。因此，中国工业设计主要服务对象还是平民阶层。但是，严格地说，工业设计是把社会各阶层人群全部视为服务对象，从精英阶层到中产阶级，直至平民与贫困者。从设计伦理上说，社会的弱势群体，不应该是设计目光的盲区，他们也有权利享受设计带来的阳光与文明。

设计服务对象的社会性，直接导致设计评价的社会性，这是符合逻辑的。

（2）工业设计既受制于社会，又影响着社会，导致了设计评价的社会性

设计不是个人的单方面行为，而是涉及社会各阶层、各行业的集体行为。社会环境中与设计相关的因素发生微小变化，都会引起设计过程中的相应改动。同样，新的设计也可能引起社会的连锁反应。"美国曾在1992年召开的全国设计会议中提出三个设计计划：战略性设计计划（SDI）、城市设计计划（CDI）和参与性设计计划（IDI）。除了第一个计划是立足于设计转化为市场利益外，其余两个计划都关注到设计对社会秩序、社会管理和国家统治的影响。城市设计计划希望通过平衡汽车文化、边缘城市、无家可归的赤贫者与传统城市之间的关系来加强城市整体与环境规划，完善城市管理，推进绿色城市进程。参与性设计计划则提出以信息设计调节公共关系，改进政府形象，建立参与性的信息传达体系，鼓励多种样式的文化。很明显，这两种计划都希望通过设计来实施其对社会正面的和积极的影响。"❶

设计对社会的影响首先体现在为人类提供了优质低价、便利的生存用物品，安全、舒适、美观的工作环境和生活环境。其次，设计的产品成为现代社会人与人之间的沟通方式之一，传递着社会科技信息、审美观念、价值体系。产品文化在现代人类文化的建构中起着越来越大的作用，甚至影响并创造出一种全新的亚文化现象，如计算机文化、汽车文化、网络文化等，它们从正面也从反面影响着整个社会的发展。

总之，设计对社会的影响，其实质是通过设计对文化的创造与影响达到的。在某种意义上，"社会"与"文化"是无法分离的。设计的文化创造，也正是设计的社会影响，设计对文化领域的影响与创新，如文化继承问题、文化价值问题、文化的异化问题等，也正是社会的问题。因此，设计作为现代社会文化进步的一股强大推动力，成为社会评价的对象。

---

❶ 陈望衡著. 艺术设计美学. 武汉：武汉大学出版社，2007：35.

第6章

Chapter 6

工业设计与技术

6.1 设计·产品·技术

6.1.1 设计、产品、技术的关系

与技术最密切的是产品。

产品是技术的载体：产品的生产与存在就需要技术，技术离开产品，或技术无法使产品达到物态化结果，技术的存在也没有意义。因此产品与技术无法分离。

产品与技术的关系，是通过设计这一中介实现的。没有设计，也就没有产品。产品作为人类创造活动的目的，需要手段的支持，这个手段就叫技术。在技术的支持下，产品的成立与存在才有可能。

产品与技术的关系，实质上是设计与技术的关系。其原因就是产品是通过

设计得以实现的。有些人认为,未来竞争是高新技术的竞争,有了高新技术,就有了一切。几年前,美国一批经济、技术专家讨论了这样一个问题:发展高新技术的关键在哪里?经过讨论,专家们指出,高新技术如果不能变成商品,最新的技术也将无能为力。

由此可见,技术对社会和生活的贡献,以及对文明的贡献,都是通过对产品设计实现的。每一个产品都物化着不同时代、不同水平的技术成就与技术方式。因为技术无法直接进入社会与人的生活发生联系,它必须通过各种产品,将产品作为自身的载体,从而去联接人的生活与一切生存活动。从这一点上说,离开产品,技术就无从发挥其强大的力量,脱离产品,技术就无法创造出人类的文明。因此,正确理解设计、产品与技术三者之间的关系,对正确设计意义的理解是十分必要的。

技术与产品通过设计这一中介的联接,才发挥出其提升人类文明的巨大力量。工业设计对技术的作用体现为整合与控制的作用,具体体现在两个方面。

① 设计对技术转化为产品的整合作用。技术不可直接演变为产品,原因是技术作为手段所能产生的功能结果,并非直接联接社会的需求,必须通过设计对技术及其他文化要素整合,使设计的产品能为人使用,能满足人的要求目的。现代工业产品的要素结构使技术不再是产品的唯一要素,大量的非技术文化要素已成为现代产品的构成要素。设计通过对包括技术在内的文化要素整合,才能到创造出理想的工业产品。

② 设计对技术的选择与控制。产品的物质效用功能内容是由技术系统提供的。不同的技术系统即不同的技术手段能产生相近的物质效用功能,这些技术系统即技术手段的选择,表面上似乎是纯技术问题,其实不然。这种选择,对人对社会对自然产生的最终影响却不得不让人从人文的视野去审视并取舍。因此表面上的技术问题实际上是人文的问题。因而,设计师在产品设计创意初期,就必须对产品的技术系统与技术手段,进行人文尺度的衡量与约束,以人文精神进行导向。

如果就物质化产品而言,设计与技术的关系,是目的与手段的关系。这也就是说,设计追求的是目的,技术作为手段,支持目的的实现,因此,技术是在设计的引导下展开的自己的创造活动。显然,目的高于手段,技术取决于设计。

在产品设计过程中,设计与技术的关系,是系统与一个子系统的关系,而不是两个子系统之间的关系,设计是把产品放在由产品与人、环境共同构成的"人·产品·环境"系统中,决定产品设计的方向与品质。因此产品设计是着眼于"人·产品·环境"系统的最优化的前提下展开自己的创造行为,这就是使产品设计成为产品的系统设计。

因而产品与技术的关系,是系统与系统中的一个主要的子系统间的关系,明确这一点对产品设计很重要:设计与技术既不是并列关系,也不是分离的关系。

技术作为产品的系统中的子系统,其功能与特征必须受系统的约束,在系统的整体功能的引导与约束下，创造其作为子系统的功能。

6.1.2　技术的概念

在现代，技术已成为人类社会生活的一种决定性力量。或者说，在某种意义上技术已成为决定现代人命运的强大力量。在现代人可以察觉到的一切领域，人类都在借助于复杂的技术系统来满足各种需求。可以说，技术正在一路高歌地前进着。

对于技术的定义，不同的学派有着不同的定义。综合一下有关技术的各种定义，可以把技术理解为人类借以改造与控制自然、以满足生存与发展需要的、包括物质装置、技艺与知识在内的操作体系。

严格地说，与设计相关的技术应该涉及技术的各个方面，但就物质产品而言，则较多涉及人类改变与控制自然环境、物质性的技术或自然技术。

6.1.3　"第一自然"与"第二自然"

技术的本质就是自然界人工化的手段和方法。自然化的人工化就成为人工自然。人工自然与天然自然就构成人类生存的环境，前者称"第二自然"，后者称"第一自然"。

天然自然只有"一重性"，即自然自身的属性。天然自然在自身的属性、在自己客观规律的自发性作用下有其必然发展趋向。在一定意义上，它有自己运动的"目标"，如热量趋向于熵最大，水流趋向于最低处……

人工自然则具有"两重性"，即自然属性与社会属性。人工自然的创造必须利用自然物质、自然能源和自然信息，必须遵循自然规律，因此，人工物必须具有自然性质的属性。

另一方面，人工自然应具有内容丰富的社会属性。人的生存所需的衣食住行，以及马斯洛需要理论中人从生理到心理的一系列需求，都使人工自然的创造打上社会的属性。

人工自然始于自然规律和基于自然规律，毕竟只是前提，它的社会属性是其更本质、更重要的方面。人工化程度越高，人工自然越发展，其社会属性越明显与突出。

6.2　社会需求、技术目的与技术手段

6.2.1　目的与手段

（1）目的与手段

人的任何活动，都是有一定目的与起点的。目的是一个观念形态的东西，

Chapter
1

Chapter
2

Chapter
3

Chapter
4

Chapter
5

Chapter
6

Chapter
7

是人这一主体根据自身的需要而设定的关于外在对象的未来模型。

目的实现也就是将观念的东西转化为现实的东西，这一转化不能光凭观念的力量，而必须依靠物质的东西。这"物质的东西"及使用该"东西"的方式就构成了实现目的的手段。

平常，一个目的的实现，需要一系列的中介环节构成多变的手段系统，而不仅仅是一种工具手段。因此，目的与手段的关系不是绝对的，而是相对的：第一级关系中的手段可能是第二级手段的目的，而第二级的手段可能是第三级的目的……这就使目的与手段都具有双层的意义。

手段具有双重的性质。一方面手段作为一种物质的东西，肯定是从客体中分化出来的，因此具有不以人的意识为转移的客观属性；另一方面"物质的东西"是一个经过改造的东西，因而它是凝结了人的本质力量的、具有一定主体属性的客体，是主体本质力量对象化的物质成果。它既没有丧失其作为客体的客观物质性，又具有服从于主体目的性的特性。因此，手段的这种双重性又生成了手段功能的两重性。

手段功能的两重性是指：工具作为手段的制造和使用，不但使人占有外部自然，而且按照社会需要和社会的方式解放和占有人自身的自然（人自身的肢体感官与思维器官等）。也就是说，工具不仅是认识与改造外部对象的手段，也是主体自我的改造的手段。工具不仅延伸了人的肢体感官，而且是解放与改善、完善了人的自身器官。

（2）目的与手段的联系

在设计学中，讨论目的与手段的联系十分重要，它具有深刻的现实意义与文化意义。

在工业设计中，反复强调目的高于手段，是因为目的的确是根据人的需要提出的。人的需要的满足是设计的最终价值所在，因此，直接与人的需要产生联系的产品的价值创造无疑是设计追求的最高目标。手段仅仅是保证目的实现的一个中介，为了目的实现，使用什么样的手段是无关紧要的。因此，从设计学宏观关系上论述，目的无疑高于手段。目的体现了设计文化的本质：满足人的需要。因而设计中目的的确定是设计文化目标的确立，体现了人类设计实践活动的文化性质。

指出这一点很有必要。在设计活动中，由于直接面对的设计对象——即人这一主体以外的产品客体，人们很容易把注意力全部集中在这一客体身上，为求得这一设计对象最后以物化的形式出现并存在而努力。由于在物化过程中，构成产品客体的各种因素及其他们之间相互关系的复杂性，设计师很容易在设计对象物化的过程中淡化甚至忘却当初对目的追求，而把最终的目的追求异化为对手段的追求。

设计的对象是人们设定目的的手段，无论这个产品是工具、设备、还是用品等，都是哲学意义上的工具，都是作为实现目的的手段而存在。前面已经说过，目的与手段的关系不是绝对而是相对的。在第一级中，设计的产品是作为实现目的的手段即工具而存在，而在第二级的关系中，产品成为手段的目的，第二级手段是第三级手段的目的……指出这一点十分重要：即任何一级的目的都是实现上一级目的的手段，只有第一级的目的才是真正追求的目的。如果在设计的过程中能始终清晰地意识到这一点，那么，在设计活动中就不会迷失对最高目的这一方向的追求，整个设计活动与设计结果都会针对着人的需要，才能保证设计对象不会偏离最终目的，甚至对立于最终目的结果。

另一方面，手段也具有十分重要的意义。

手段有选择关系目的实现的意义，即价值。一般意义上来说，手段的作用就是为了保证目的的实现，这是毫无疑问的。但是手段与目的关系往往是多对一的关系，即为了实现一个目的，可以有若干种甚至更多手段的选择。这样，就产生了这样一个问题，选择什么样的手段为宜。这里就涉及价值的标准与价值判断。除了一般意义上的手段评价标准，如手段的节约（资源、能源、人力资源等节约）与高效率等指标外，还有一点极其重要，就是在目的实现中，有无异化价值，即负价值的存在。如一般农药的使用目的是为了避免虫害对农作物的侵害。农药发明与制造是作为实现保护农作物顺利生长这一目的而产生的，但是今天，农药使用的这一目的是达到了，但农作物的果实中遗留着农药的残余，使人体的健康受到损害，因此，手段选择往往与目的的实现以及可能产生其他方面的异化，又有十分紧密的关系。这就必须认真、谨慎地选择"手段"。

6.2.2　社会需求、技术目的与技术手段的关系

（1）技术目的与社会需求的联系与区别

社会需求是人性化的，它是从人的需求中提炼与归纳出来的，因此，完全属于人性的范围，正因为如此，社会需求通常是原则性的，定性而非定量的。

技术目的是技术过程的内在因素，是技术系统所达到的一种结果，是具体的、明确的、定性定量的，它必须依赖技术手段达到。

技术目的与社会需求的联系在于：社会需求由技术目的来满足，从这一点来说，技术（包括技术目的）是实现需求目的的手段。人类发明技术的目的就在于此。

两者的区别在于：技术目的与社会需求并不相等。

首先，在许多情况下，虽有社会需求、甚至有强烈的需求，但未必有实际的技术目的来满足它。

其次，从严格的意义上来说，技术目的与社会需求之间还是存在着一定的

差距，有时甚至是相当大的。社会需求是人的感性的、以观念存在于头脑中的未来结果，是一种超前的反映，它指向未来。人的需要只有通过改造和扬弃对象的现存状态才得以满足。比如在洗衣机发明之前，人就需要一种装置能代替自己净化脏衣服。这种"装置"是指向未来的主观观念的，也是对当时普遍存在的手工洗衣的工具，如搓衣板、刷子等工具改造与扬弃才能达到。人的这种需求仅仅根据自己的愿望而相当"感性"地提出，而与技术无关。技术系统作为客观的对象，是合规律性与合目的性的存在。"合规律性"使它具有服从自然规律的特征而与人的目的无关；合目的性是人强制的结果，使它成为满足人的需要目的的手段和工具。但是，这种"满足"仅仅相近而已，但却无法完全相等，无法与人的需求完全吻合。比如洗衣机的出现，它确实解决了机器代替人净化衣物的需求，但是却产生了这些可能：衣服磨烂了；褪色了；扣子丢失；某一部位尚未洗净而有的地方却洗破了；所费的水太多；耗电太高；噪声太响；含有洗涤剂的水排放后污染了环境；洗衣机占用人的住房面积……因此，技术在满足人的一个需求过程中会产生许多问题。这里以洗衣机为例说明技术目的在满足人的需求时的一种不完全吻合性。技术系统产生的可定性定量分析的技术目的是人类改造自然所获得的人工物，仍然具有排斥人类的自然规律性。

因而可以这样说，人的需求完全是依据人类自己的感性需求提出的，与技术系统提供的技术目的的有限性无关。当一个产品出现后（如洗衣机的发明）人们在这一技术系统面前理解技术的局限性，而采取了向自然妥协的态度来接纳了它。

（2）同一社会需求可通过不同的技术系统即技术目的来满足

一般地说，社会需求与技术系统之间的关系是"一对多"的关系，而非"一对一"的关系，即一种社会需求可以有若干个技术系统予以满足。如人类保鲜食物的需求，既可以通过降低保存温度的方式，即冷藏保鲜的技术（如冰箱）也可以使用杀菌后真空包装技术来保鲜。这就产生了不同技术系统的选择问题。工程师与设计师必须以人文精神为尺度进行技术系统的选择，使选择的技术系统，在实施过程中与实施过程后产生的技术系统反人性特征即技术的负价值降为最低。关于这一点，在后面章节中予以讨论。

（3）技术目的的成立与技术手段密切相关

技术目的必须有技术手段支持，没有技术手段的支撑，技术目的无法成立，自然也不可能存在。如外出旅行便于携带的洗衣装置，外出时可随时对数码及手机充电的高效而轻巧的充电装置等，都是由于缺乏相应的技术手段而无法存在技术目的。

技术目的与技术手段的划分是相对的。作为前一级的技术手段可成为下一级的技术目的，依此可以类推如图6-1所示。

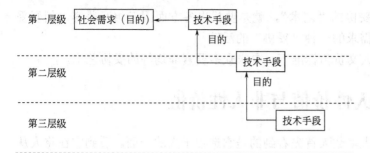

图 6-1　技术目的与技术手段

在图 6-1 中，第一层级的目的就是社会需求，其技术作为实现这一目的的手段存在，但是这一技术手段则成为第二层级技术手段的技术目的。而第二层级中的技术手段则成为第三层级技术手段的技术目的……如此构成整个技术系统而实现社会需求这一目的。

6.2.3　技术建构的折中兼容理论

人们常常认为，在运用技术去解决某一个问题时，应该进行"最优化"的设计，并按"最优化"的方案执行并行动。

但是，在实际的技术活动与人的实际活动中是不可能有理想化的"最优"、绝对的"最优"与全面的"最优"的。因为人们的实践活动或技术活动是在"人—技术—环境"建构的系统中进行，技术活动的过程与结果必然受复杂的相互约束的人、环境等各种因素的影响。因而无法得到系统中各要素都为"最优"的结果。也就是说只能在各种相互牵制的因素中，按照它们对活动目的影响的大小来区分重要与否，分别作一些折中，即对重要因素予以保证，对其他次要因素则做一些退让，甚至较大的让步，这种"顾此失彼"的处理原则称为折中兼容原则。

人们无法自由地选择技术，让技术在任何方面随心所欲地为人类服务。因为任何技术都是自然规律的再现与通过人们努力而历史地形成。但是在技术建构过程中可以做到对技术的选择与设计的适度折中兼容。日本学者吉谷丰认为"技术不可能绝对完满，通常只是妥协冲突的结果"，"技术就是使相冲突的要求得到妥协，从中找出最佳方案"，设计是最佳的妥协。

技术建构的这种折中兼容理论对工业设计富有启迪作用。工业设计作为产品系统的设计，所涉及的要素广泛地分布在各个领域，如生理、心理、认识、审美、技术、哲学、经济、市场、人力、文化、社会等，这些要素都不可能调和。产品设计，如同技术系统的建构一样，设计只能寻求一种最适宜此时、此地、此人（群体）的产品方案，而不是在绝对的意义上寻求"最优"、甚至"最正确"的解决方案。

因此，设计是妥协的"艺术"，就是要找出各方面因素相互兼容、相互妥协、保证主要方面需求的一种"妥协"的活动。

工业设计是在人文价值标准下，寻求众多要素非均等的妥协艺术。

6.3 技术的人性价值与非人性价值

对于技术，绝大多数人首先看到的是它造福于人的一面。看到它在将人从动物界中提升出来，并不断促进人向着更强大、更自由、更富足的方向发展中所起的巨大作用。这正是和人的内在本质与需求相符合、相一致的地方。正是这种符合与一致才使得人们不能不颂扬技术在人的进化和发展中做出的不可磨灭的功绩，并构成了人类推动技术持续发展的内在动力。

在人们满怀激情地颂扬技术的人性功绩时，也不能不冷静地正视这把"双刃剑"的另一面，即它与人性需求相冲突的负效应。无数事实表明，技术在不断创造出人性功绩的同时，也不断地产生着非人性效应。无论是一种既成的技术在发挥它应有的功能时，还是技术在完成从一种形态到另一种形态的演进过程中，技术都会与人性要求产生某些冲突，违反人的良好意愿而作用于人，给人带来灾难或痛苦。这是客观存在的事实，无论如何也是回避不了的。只有正视这些现象的存在，才有可能进一步分析它的根源并寻求对策，以便最大限度地发挥人的能动性尽可能多地消除这些非人性现象。因此，有必要对技术进行必要的反思。

6.3.1 技术反思的意义

技术不断发展，使人类比以往任何时候都更加强大，但是技术也给人类带来了失望、痛苦和绝望，因此，必须对技术的这种人性价值与非人性价值展开反思。

（1）对技术本性的认识，尤其对技术的主导功能的认识

技术是人类赖以提升文明的有力手段，同时也提升了人类自身，这是技术的主体的一面。尽管技术有反人性的一面，但人类却无法离开技术。因此，这是人类认识技术的基本出发点。

（2）对技术的双重性有一个清醒的了解

尽管技术的人性价值是技术的主导性社会功能，但技术作为一把"双刃剑"又必然对社会对人类有着负价值的作用，即技术的非人性价值。

技术的非人性价值使得技术在一定的条件下，不仅不能成为满足人的自身需要的手段，而且反过来成为剥夺人的需要，压抑人的感情，束缚人的自由的东西，成为给人类带来灾难的根源。技术的非人性价值提醒人们：技术并非都是提升人类文明的天使。要清醒认识到技术对人的异化作用。

（3）从哲学上把握人与技术的发展提供了新的视角

即充分发展人的智慧，从文化高度认识技术、整合技术，使技术的非人性特征降到最低。对工业设计来说，即如何通过其文化整合的作用，在产品设计中，充分发挥技术人性的一面，避免、降低非人性的一面，使技术与人的关系趋于最和谐的程度，而不是严重的对抗。

6.3.2 技术的人性价值

技术是人们应用于自然和社会的知识、技能、工具手段、规则和方法，是人与自然、社会间进行物质、能量和信息交换的"中介"，是变天然自然为人工自然的手段。

工具是技术中的硬件，是人类技术水平外在的明显的标志，通过它可以划分为不同的技术手段，继而划分为不同的经济时代和历史时代。技术的人性价值体现为以下几点。

（1）创造和提升人的同时也创造了和人同在的人性，使人成为有目的、有理想、有追求的物种

从人的形成历史完全可以看出，人类从自然界中分化出来，成为可自觉地利用自然，改造自然的能动主体，人类从动物界中提升起来，成为超越于任何只能被动地适应自然的新型物种，是凭借了技术以及使用技术的劳动才成为可能并转变为现实的。没有技术，没有人类制造和使用工具的活动，人就永远只能和自然混沌不分，永远只能与动物为伍。

人性只是伴随人而存在的，只有在有人的时候，才有所谓人性的问题，才有人对幸福、快乐、自由、解放的追求。因此技术使人成为不再满足于现状的物种，而是有目的、有理想、有追求的物种，使人性的呼唤随着人的诞生一起来到了人间。从此以后，便开创了人性因素借助技术而不断得到弘扬的历史，开创了人类奔向更加强大、更加自由和富足的未来的历史。

（2）技术使人得到体力的解放与脑力的解放

首先技术进步所产生的自动机器能够取代包括人的动力行动和操作行动在内的全部体力行动，承担实践过程中的全部物质变换活动。这时人就由在机器旁转到了控制系统的中心，从事为控制机编制程序、输入指令以及调节反馈信息之类的信息行动，而体力行动则基本全部从人的行动中分离了出去。信息行动成了人在实践过程中唯一亲身从事的行动，这是劳动性质的根本变化，是实践方式的划时代飞跃，劳动者由此而真正实现了体力劳动的解放。在使用自动机器的实践活动中，人所行使的职能尽管受体力的限制较少，但受脑力的限制却多了起来。当计算机技术进一步发展，使得智能机出现并引入机器系统之后，人的这种困境又进一步得到了改观。劳动者从部分单调、重复、繁重、繁琐的脑力劳动中解放了出来，使得人可以去从事更有意义、更

富创造性的脑力劳动。于是，人的本质力量得到了更充分的体现，人性也得到了更加宽广的弘扬。

技术对于人性的弘扬，在很大程度上就是通过技术对于人的一次又一次的解放来体现的。在这个过程中，人一次又一次地从充当工具手段的地位中摆脱出来，同时，技术以强有力的手段帮助人们实现不断增长着的目的意图，使人的实践能力不断提高，在这个基础上，越来越多的人性追求就可以变成现实。

（3）技术提升了人的主体地位与自由程度

人作为有理想、有追求的物种，他们的需要永远不会停留在一个水平上，而要实现更高水平的追求，就必须摆脱更多有形或无形的限制与束缚，就要拥有更大的支配外物的力量，只有这样才能实现自己更丰富的目的和意志。人只要有所追求，就必然不满足于现状，就必然要赋予自己改造和支配外物的使命，即一种作为主体的责任和地位，这同时也就是一种摆脱外界束缚的追求，即对自由的追求。因此，主体地位和自由程度，在一定意义上更集中、更深刻地体现了人的本性，而提高人的主体地位和自由程度，无疑是合乎人性要求的。

随着技术从低级向高级的发展，人借用技术而能够驾驭和利用的自然力就越来越大，人将其纳入到人工系统中所构成的支配外物的力量也就越来越强大，人所能摆脱的外界的限制和束缚也就越多，这就意味着人的受动性减少而主体性自由度得到了提高。同时，技术越发展，由它造成的人工运动就越高级，越能代替人的复杂的行动，人就转入从事更高级、更复杂的行动，随之而获得更大的自主性、能动性和创造性，即提高自己的主体性——这也是人性需求的辉煌的实现。

（4）技术改善了人的生活质量

人们发明技术，从事生产，追求更高水平的实践能力，最终目的无非是改善自己的生存状况，提高生活质量，使人们的生活方式朝着更富足、更充实、更美满的方向发展，减少乃至消除人类在物质生活上的贫穷和精神生活上的单调，让人们在生活中能更多地体验到人生所应有的幸福和快乐，使人作为劳动主体和享乐主体的双重价值都能实现。

纵观人类发展的历史，不难看出，人所创造的技术水平，在很大程度上决定着他们的生活水平。人类生存状况和生活质量的改善，是随着技术的发展而进行的，因为技术决定着人类的实践能力，即生产物质财富的能力，决定着能为社会的物质生活提供多少财富，从而决定着人们的物质生活能达到什么样的水平，由此进一步决定了人们的精神生活能达到什么样的水平。

（5）技术促进人的思维认识能力的发展

人的伟大在于他能够制造和使用工具，而这又是和他具有思维认识能力联系在一起。制造和使用工具的技术活动既是人的思维认识能力的展开，同时也不断地促进着思维认识能力的发展。当人的思维认识能力得到提高后，就能更多地把握事物的必然性，并利用这种必然性为自己服务，人也就具有了更强的实践能力，使自己在必然性面前变得更加自由，人的主体地位得到进一步提高，这无疑使合乎人性要求的需要和追求得到了进一步的实现。

技术在推进人的思维认识能力提高的过程中，是通过提高人的实践能力和改善人的认识工具这两个主要途径来达到对人的思维认识能力的促进和提升的。

6.3.3　技术的非人性价值

技术做为"双刃剑"的另一面，即技术的非人性面。其表现有以下几种。

（1）重负与单调

技术与直接劳动者、操作者的对抗：重负、疲劳、单调与乏味。反映为机械时代的体力劳动的重复，信息时代的精神重负与疲劳（引发无数的心理障碍乃至精神疾病）。使得人们精力衰竭、未老先衰。

人类迄今发明的任何生产工具，似乎都会在被人使用时向人的耐力提出挑战，即人们长时间使用工具后产生难以忍受的疲劳。

技术对个性抑制与抹杀，使人处于单调乏味与千篇一律的行为劳作方式。工具的出现与使用，使得工具操作的行动趋向规范化、模式化、标准化、共同化。现代人常常这样描述自己："我是一台机器。"

（2）生存危机

人类发明的以往的技术，出于当时的出发点却违背人类的最终目标，对生存环境起着越来越强烈的破坏作用，以致危及人自身的生存。因此到处都可以看到这样的提醒："我们只有一个地球！"

英国地球化学家密尔顿博士领导的研究小组发现：英国人血液中许多化学元素的平均含量，与地球地壳中各元素的平均含量有着明显的一致性，如画出两条各元素平均含量曲线，就可以发现两曲线竟能重叠一起！可以想象，当地球遭到破坏、人为因素增加了污染物的话，那么它们将通过物质循环的方式进入人体的血液！

（3）危及安全

技术事故导致人的死亡与残疾。如交通事故，化工厂、核电厂等泄漏及爆炸事故等。

（4）精神失衡

人除了对生存、健康、安全等有所要求外，还对精神上的自由、充实、愉悦和发展有所要求，这是人的高层次需求。

在高技术面前，人往往因惧怕技术而丧失了自信心和主人感。技术作为"理性的产物"、"刚性的结构"、"严密的程序和规则的体系"，与人的随意的情感世界相抵触。

"精神的丧失"的最可怕现象要算智力的退化了。技术越先进，越是智能化的技术，越无须使用者的智力协助，只须简单的操作即可。目前计算机键盘的中文输入方式，已经使得一部分人对一些文字只能输入却不会书写！由记忆懒惰、计算懒惰到思维懒惰，这是人类发展的福音还是不幸？

6.4　技术双重效应的联结

6.4.1　技术人性面与非人性面的共生共存

迄今为止人类所发明的一切技术都具有双重效应，所以说技术人性面与非人性面是共生共存的。

人的需求目的往往不是单一的，而是多维的复杂的系统。如既有物质的需求，也有精神的需求；既有目前的需求，也有未来的需求；既有这一个领域的需求，也有其他领域的需求。这些需求，往往互相冲突。而技术往往是为了解决某一特定需求而产生的，因此，它可能满足了这一个需求，但却违背了另外需求。因而，在某一方面，它体现了人性而在另一方面，它却是反人性的。比如，当发展畜牧业生产，土地有可能沙化；当为增加粮食产量而使用化肥时，土壤却容易板结破坏……

利益与需求的冲突，体现在不同人群中间。技术的出现可能会被某些人所享受，而在另一部分，却只能享受技术所带来的反人性一面，如汽车驾驶者的方便与步行者受到的尾气污染，发达国家的环保与不发达国家的污染等。

技术本身并无意志与目的，它遵从自然规律，不过是将自然的运动转化过程以集约的方式在人造的物质系统中进行展开而已。技术双重特征的应用与控制完全决定于人的思想。

6.4.2　技术的人性面与非人性面的互渗互补

技术的双重效应，不仅共生共存，且互渗互补，它表现为显含与隐含。显含：如医疗技术的救死扶伤与无法治疗的疾病的痛苦。隐含：如技术进步导致人的解放，但其中往往隐含着人的某些能力与品质退化的非人性现象。

人对工具的依赖，对机器的依赖，促使了人自身的生理能力甚至心理能力的退化。技术的进步使人类向文明又前进了一步，同时也埋下了人类某一方面退化的"种子"。

手段与目的之间体现的人性面与非人性面相互渗透，更为显而易见。比如在目的上看是人性的，而手段上是非人性的。如游戏机给孩子带来了快乐，但却隐含着可能荒废学业的结果；移动电话的普及给人带来的信息的及时沟通与人的失去自由。

6.4.3　技术人性面与非人性面的双向转化

技术的非人性面是无法剥离的，它与人性面往往交织在一起，唯一方法就是促使非人性面向人性面的转化。任何一种技术的进步，实质上都是否定了先前技术的非人性面，提高了技术的人性面，这就是一种转化。当然这一种转化也发生在：一是一个新技术产生后反而是原有技术的人性面丧失了，二是提高了的新技术又带来了新的非人性面。

因此，人性面与非人性面不断地转化、不断地被克服与产生。

在人类技术形态的演变中，可以看到技术的非人性面沿着如下几种途径得到减轻或发生变化。

① 由物质型的非人性向精神性的非人性演变。

② 由有形的非人性向无形的非人性转变。

③ 由直接的非人性向间接的非人性转变。

这三种演变途径实际上反映出技术人性水平不断提高的趋势。因此，技术的人性面与非人性面的双重关系是：两者不可分割地相互依赖而存在，另一面，又在互相渗透、互相贯通基础上随技术的发展而永恒地转化着。

6.4.4　人类提高技术的意义

由上述的讨论，自然地产生两个尖锐的问题：

① 技术的发展与提高最终能否消除其非人性效应？

② 如果不能消除，人类不断地改正、提高技术的意义是什么？

第一问题的回答是：人类创造的技术最终也不能消除它的非人性效应。有以下两点原因。

（1）从"手段"的意义上考察

人作为技术系统中的构成要素，与技术一起成为实现人的目的的手段，在实现目的的"工具"这一点上来说，人永远不可能不是"工具"。

虽然人创造出一定技术是作为自己实现一定目的的手段，从总体上来说是为自身的利益服务的。但通常说来，作为手段的技术离不开人的把握。只有把人也纳入技术系统，才能构成活的、围绕人目的而运转的手段系统。于是人在手段系统中不得不充当"手段"中的一分子。

（2）从"目的"意义上考察

人作为技术成果的享用者，也难免会因技术的非人性效果受到损害。如技术对人的"娇惯"而使人的能力退化。

由第一个问题的结论很自然导致第二问题的产生。这个意义就在于：技术进步的发展，尽管存在着无法摆脱的非人性面，但技术在总体上也在不断地提高人性水平。这是技术仍然需要不断提高、不断发展的不容置疑的人性意义。

① 技术所具有直接的人性与非人性效应外，还存在着为实现目的的效率这一"物性标准"。

效率与目的直接联系，也就是与人的需求有直接联系，所以效率都是与人性标准密切相关，这是技术进步的真谛。效率包含着速度、强度、寿命、精度、精确度、安全性、节省资源、节省财力、节省时间……这些都与人的目的相一致，因此技术进步所带来的效率提高是符合人性的。

② 技术的手段功能越来越高，人所需要充当手段的职能越来越少，技术越来越多地取代了人的手段性作用，而使人在手段的地位中得到越来越多的解放而获得自由。机械化使人控制机械发展为自动化时的机械控制机械，典型地反映了技术进步对人性的提升。技术的这种二重性，西方学者称之为"技术悖论"（technological paradox），指技术产生的后果与技术要实现的目的相背离或不一致。

控制论的创始人维纳（N·Wiener，1894～1964）也提出技术是双刃剑的思想。爱因斯坦1931年给加州理工学院学生的讲话中指出"……你只懂得应用科学技术是不够的。关心人的本身应该始终成为一切技术上奋斗的主要目标。……在你们埋头于图表和方程时，千万不要忘记这一点。"这一忠告对于今天的人们仍然具有很大的意义，特别是对以创造更美好生活为己任的工业设计师有着更现实的人文导向意义。

6.5 "技术理性"批判与设计

6.5.1 "技术理性"及"技术理性"批判

"技术理性"是自西方工业革命以来随着现代技术在人类生活中占据越来越重要的地位而形成的一种文化观念。

技术理性以强调人类物质要求的先决性为前提，展开其巨大的改造自然的力量。技术理性包括了如下几个基本文化观念。

① 人类应该征服自然。

② 自然的定量化描述。它导致用数学结构来阐释自然，使科学知识的产生成为可能，为人类征服自然提供理论工具。

③ 高效率思维。它指的是在行动时各种行动方案的正确抉择和对工具高效率的追求。

④ 社会组织生活的理性化。包括体力劳动与脑力劳动上的分工、社会与

生产的各层控制。

⑤ 人类物质需求的先决性。只有在人类的物质需求获得了相对于其他需求的绝对优先权后，人类的才华才有可能大规模地投入物质生产技术中。这一点，是技术理性观念中最重要的一点。

由上述基本文化观念构成的技术理性具有强大的社会功能。它带来了现代技术与科学的高度发展，带来了现代工业与经济的飞速增长，带来了不再依赖于神话与宗教的社会生活的世俗化。然而，技术理性毕竟是一种有限理性，它以支配自然为前提，集中于工具选择领域的一种理性。人生问题、价值问题、社会的目标与社会发展问题都被排斥在其观念之外。因而，技术也作为一种异己的、毁灭性的力量摆在人类面前，窒息着人的生存价值与意义，造成了人类前途前所未有的困境。

很显然，人类这种进步与倒退的两难，是与技术理性发展到极端而走向它的反面有关。20 世纪 60 ～ 70 年代兴起的人文主义思潮对技术理性的批判，表现出人类对技术的认知已自觉地发展为从人类文化整体系统立场出发的文化批判精神。

许多人文主义学者都参与了对技术理性的批判，他们反对的不是单一的技术本身，而是一种越来越决定人类生活方式的文化价值取向，即技术理性。正是这种技术理性指导下的技术文明使今天的人类文明陷入一种前所未有的困境之中。它们的批判简单单纳如下。

① 技术理性以对自然的支配为前提，它的进一步发展将造成两个可怕的后果：一是对外在自然的破坏；二是对人的内在自然的限制。技术虽然延伸了人类某些方面的能力，同人的某些方面的生理机能相适应，但人的很多生理机能却遭到了抑制。

② 技术理性需要数学式的思维方式作为了解和解释自然的重要工具。在这种思维方式中，每一种事物都是可替代的，可化约的，每一种事物可归结为另一事物的抽象对等物，质上的区别和非同一性被强迫纳入到量的同一性的模式，独特的个性丧失了。在技术时代，人成了市场中一个可计算的市场价值，成了整个社会机器中的一个部件。

③ 技术理性追求有效性思维，追求工具的高效率与行动方案的正确抉择。一旦这种思维方式盛行，人们所注重的将是效率与计划性，而不是人的情感需要或精神价值。

④ 技术理性观念是竭力寻找知识基础，但却不问人生意义的根据。即使是探求伦理与价值问题，也是套用自然科学的认识方式。人的情感、人的爱憎、人生的价值是不可能以自然科学体系中广泛使用的定性定量分析所能描述的。

总之，技术理性从功能、效率、手段与程序来说是充分合理的，但它却失去了对人的终极价值的依托，失去了对生命意义的反思。如韦伯所说的，纯粹的工具理性在其背后掩盖着实质上不合理的一面，因为它摆脱了价值理性的支配。因此，人从自然界和宗教的蒙昧中解放出来，却又被理性的自身创造物——技术、机器和商品等所奴役。

人文主义学者对"技术理性"的批判是在两大方面展开"拷问"：一是对技术价值"拷问"，另一个是对基于技术理性基础上产生的人的价值"拷问"。这两个方向的"拷问"，实质上就是对技术的人文价值这一个最基本的，也是最重要的"拷问"。

6.5.2　技术的世界，设计的世界

今天的设计扩张到了人的生活的各个方面，成为人的生活方式、人的本质特征的体现。

技术一开始就是与设计无法分离的，设计甚至被视为技术活动的本质性环节，因为技术将把世界变成什么模样，在一开始就成为设计的目的。现代技术使设计的色彩更加浓厚，它通过抽象的图景来沟通意向性目标向实际生产之间的鸿沟，使得技术活动及其效果的每一个细节都可以由脑力（理论）来决定，使得设计成为决定技术活动走向的一种观念与思想。所谓"人工自然"、"技术世界"，均是人设计活动的产物。

高技术时代人类设计的成果越来越纷繁多样。其设计的层次和领域也不断扩展，如从宏观到微观，从无机物到生命，从物质过程到认知过程。这些技术设计的新成果就在带给人们更多的物质财富和精神财富的同时，也干预了自然变化的过程，使人付出种种不同的代价。

技术来到世间，使得它所在的世界越来越是一个设计出来的世界，即一个依赖于人的先期的"构思"并"策划"出来的世界。与此同时，设计也就成了人的一种重要特质，这种特质就是要把事物按照特定的目标进行构想。

人的设计行为的产生，源于对特定目的的憧憬与追求，是对未来生活的希望。正是这些永无止境的"憧憬"、"追求"与"希望"，才使得人的设计行为永不停歇地发生，也使得技术源源不断地产生着。

6.5.3　技术需要人文控制，设计需要人文导向

设计的本质就是将非自然的东西植入自然系统中，就是将人工性的制造物和运动过程纳入天然的系统之中。一切设计都是人的智慧对自然过程的干扰。由于人的认知有限性与手段有限性，这种"干扰"具有一定的破坏性。正因为这一特点，使得设计活动隐含着一个巨大的危险，就是人对自然的介入和改造，很可能造成对自然的破坏。从广义上来说，任何人工物都是人为设计的产

物，因此人对自然的任何破坏都是人为设计活动的结果。所以，对人类来说，"成"在设计，"败"也在设计。

因此，一方面，人类的设计创造本质作为人类自身最可贵的品质，不仅必须保留、而且也需要不断地发展；另一方面又要不断提高正确设计、有价值设计的能力。其中一个重要的方面，就是要反思自己在设计过程中该做什么和不该做什么。尤其是设计中不仅需要有科学的原则或技术的可行性，而且需要有更多的人文关怀，将设计作为一种科学精神与人文精神充分融合的活动。

科学无禁区，而设计应该而且必须是有禁区的：有损于人类生存质量、人类整体尊严和共同价值观的设计，就必须通过法律、人文价值评价及其他的手段彻底加以禁止。

高技术时代，是一个更加辉煌的设计时代。人类设计的雄心越来越大，设计的领域也就越来越广阔，随着人的设计能力越强，对自然潜在的破坏力也越大（其中包括人自身的自然）。人想通过设计来战胜一切，包括战胜自己的基因。于是，一方面是前所未有的"辉煌"的涌现，另一方面则是史无前例的危险的潜伏。

这样，人就越来越将自己往"造物主"的方向推进，而他的预测能力、对目的和后果的把握能力又不如他的设计能力提高得快，于是就有了种种出乎意料的灾难性后果。一个基本的事实是，人们克服了一个个自然世界所设置的困难，取得了一个比一个更伟大的技术成果。但是，却很少甚至不愿意冷静地反思之所以这样做的本质性的理由与价值，尽管后者的思考比起前者的科学探索与技术求证要简单得多。因此会经常遇到这样的情景：设计解决了面前的一两个问题，但是却产生了"意想不到"的三四个，甚至十多个新问题。

比如汽车、洗衣机、电视机、微波炉……这些象征着现代社会生活的产品，给人们的生活提供了种种的方便，但它们对环境的污染、资源的耗费以及人的行动能力的降低（及生命力的降低）等一大堆产生的问题是"始料不及"和"熟视无睹"的。如果说今天对污染、资源问题焦急和"近忧"，是因为人们赖以生存的环境质量足以影响生存质量，那么生命力的降低这些属于"远虑"问题，即使今天理解了，也是"不以为然"。从这一点来说人类是"近视"的物种。

因此在技术的世界也是设计的世界中，必须引入人文精神，用人的终极目标而不是近期目标，用人的最大整体利益而不是局部利益作为价值评判的标准，反思一切技术、一切设计的得与失。因此技术需要人文的控制，设计需要人文的导向。缺乏人文控制与导向的技术与设计难逃异化的结果。

技术与人文的结合，设计与人文的同行，对于今天的中国来说不应是一种理想，而应该是一种必须马上赋予的行动与实践。

6.5.4 设计的人文价值与"技术理性"批判

在现时代，技术已成为人类社会生活的一种决定性的力量，或者如海德格尔所说，已成为现代人的历史命运。今天，人们需要借助于复杂的技术系统来满足各种需求：食物、住所、服饰、安全、通信、交通、健康娱乐和学习等。社会实践与政治实践可通过电子媒介（电视、广播）来进行，甚至有了控制机器的机器——计算机，而人工智能的开发也正处于紧锣密鼓之中。与此同时，随着生命工程技术的发展，人们正在学会创造生命本身，因而有可能超越那些长久以来强加在人类身上的进化过程与心智限制。正因如此，技术才具有符合人的需要、愿望和要求的特性。它趋向于给人带来幸福、富足、快乐、自由和创造机会，这是符合人性要求的。

人文主义对"技术理性"的批判，以及今天对"技术理性"批判的部分接受，都是基于这样的事实：技术既提升人作为人的主体地位，使人成为有目的、有意识、有理想的物种；另一方面技术也使人陷入空前的困境之中，使人的主体地位受到了极大的挑战。因此，除了不能接受少数人文主义学者全盘否定技术的观点之外，大部分人文主义学者的批判还是应该值得肯定的。

"技术理性"批判在中国工业设计发展进程中有着多方面的意义。

技术与科学一起，作为第一生产力，对于正在蓬勃发展中的中国来说，仍然是一种强大的推动力，必须予以肯定，并且不断发展科技的生产力。

发达国家对技术的责难，特别是人文主义学者的批判，应该说是值得肯定的。他们批判的是把技术这种理性精神扩展到人类生活的所有角落、甚至是情感世界的行为。对技术的批判，基本上落在其理论的文化取向上。技术理性至上是不可取的。那种把人类现存的社会弊端和问题归咎于技术，试图拒绝技术的作法是错误的，需要反对的是科学技术的文化霸权，是技术理性无限制的虚无主义扩张。

设计与设计的产品全方位地反映了设计师对人文价值的理解与追求，反映出对待技术的态度，因此，设计承担着产品设计的人文导向与产品人文品质的塑造。

技术对社会、对人发挥的作用，都是通过产品这一与自然的中介系统得以体现，产品是技术的载体，没有产品，技术作为一种观念形态是无法直接作用于人与社会的。

因此，技术与技术理性所产生的种种问题，首先是设计遇到的问题，是设计必须予以正视的问题。由此可见，工业设计首先是一种人文价值的创造行为。因此，工业设计师首先应该是一个人文学者，然后才是艺术家与技术专家。

当然，设计对技术采取任何一种方式与方法并不完全是设计师个人的行为，是社会各种要素共同约束与限制技术的结果。尽管如此，设计师仍然必须对为达到某一目的而采取的技术手段与技术途径进行人文价值的审视与评价。对技术方案做出抉择。尽管它无须解决具体的技术手段问题。

放弃对于技术手段的人文价值审视、评价与导向，放弃对技术方案的抉择是现代设计师的严重失职行为。也就是说，在今天，把设计与技术分离开来，放弃对技术的人文价值的评价与导向，首先违背了设计的最基本的出发点——为人的设计，如此是不可能产生一个好的设计的。设计中缺乏人文精神的审视与人文主义的抉择，决不是关乎产品形态的风格问题，也不是关乎设计的技巧问题，更不是关乎设计的时尚问题，而是关乎到设计师对人在设计中的地位、设计本质的基本理解与认知问题。那种把产品的技术问题全部归结为工程师职责的想法，反映出对工业设计理解的表象与肤浅。

目的是第一位的，手段为目的服务。这是目的与手段的关系准则，违背这个原则的结果就是人的异化。产品作为人与自然的中介，是为人的目的服务的，技术则是保障产品达到一定目的。就人与产品的关系而言，人是目的，产品是手段；就产品与技术的关系而言，产品是目的，而技术是手段。因此，技术对于人来说，无法改变其永远作为手段的地位。"技术理性"把技术的特性推广到社会管理与人的价值衡量，是把手段当做目的来追求，违背了目的与手段的基本原则。工业设计对"技术理性"的批判，正是立足于人的价值、生命的价值与人生的意义，是对目的与手段关系的把握与坚持。

第7章

Chapter 7

工业设计与文化

7.1 设计的文化特质

把工业设计与文化联系起来的有两个方面：工业设计蕴含的思想、观念，深刻地反映了文化的特质；另一方面，文化的各种特征，在工业设计的各个层面也得到了完整的体现。

从工业设计角度看待文化，或者从文化角度看待工业设计，研究工业设计与文化的关系，有三个方面。

①"工业设计是文化" 工业设计作为人与环境的中介所体现出来的文化特点——设计的文化内涵；

②"工业设计的文化" 是研究工业设计的过程、结果所创造的文化现象与文化成果，如"汽车文化"、"电视文化"及"计算机文化"等——设计的

文化生成；

③"工业设计与文化" 研究工业设计与构成文化的要素间相交叉而形成的各种关系，如工业设计与哲学的关系，工业设计与技术的关系，工业设计与社会的关系，工业设计与伦理的关系等——设计的文化结构。

随着设计活动和设计产品在当代社会经济和文化当中的重要性日益清晰与突出，人类设计活动所创造的产品也正从物质性的产品超越为非物质性产品，"超越"不是扬弃，而是既保留原有的，又发展出新的产品形式。

由物质性产品与非物质性产品所共同构建起的人类"第二自然"已成为现代社会的重要文化形式，而使得设计作为一种人类的文化活动特征变得越来越明显，促使社会生活的文化化与审美化。因此从文化的大视野角度来阐释设计在当代社会生活中的重要性，以便更深刻地理解设计活动和设计产品在当代文化建构中的重要作用，是十分必要的。

研究工业设计与文化的关系，其重要性首先来自于对工业设计这一学科性质的正确认识。一个学科根本性问题的解决，只有到这个学科以外去寻找。工业设计也一样，要回答工业设计是怎样一个学科，他的学科性质是什么，也只有到其他学科，如文化学去寻找。

要认识工业设计学科的本质，必须把工业设计纳入文化的视野进行研究。也就是说，必须站在文化的高度来思考工业设计、来研究工业设计与其他相关学科的关系，只有这样才能得出正确的结论。

比如，不是站在文化的视点上，而是仅仅站在与工业设计相并列的其他学科来看设计，就无法真正理解工业设计及其本质。比如，从机械学的角度看待工业设计，就很容易认为工业设计是机械设计向市场的延伸和扩充。因而把工业设计理解为机械学科下的一个分支、工业设计为机械设计服务就理所当然。这几乎是当今社会许多人对工业设计的全部认知。如从计算机学科来看待工业设计，就有人认为工业设计的过程与结果大量使用了计算机作为工具，因此，工业设计是计算机应用学科的一个分支也未尝不可。从艺术学角度来分析工业设计，认为工业设计是造型设计，是产品的外观形式审美设计，况且工业设计的表达使用了效果图这一种艺术地表达产品形式的图样，因此把工业设计的本质理解为艺术设计似乎是天经地义的。

这种把工业设计与另一个学科交叉的关系理解为从属的关系，在逻辑上是幼稚可笑的。但这种现象不仅存在于工业设计发展的初期，还不同程度地存在于今天的设计界与社会大众中。造成这种状况有认识的原因，也有其他的原因，如强势专业想兼并弱势专业；老专业收编新学科以求自身的"新生"，谋求生存与发展的所谓"生长点"……

站在文化的观点上观察人类的不同学科间的关系，它是一个人类知识体系的巨大系统。在这个知识体系中，不同学科的知识有机地组织在一起，相邻学科的知识总是以"和谐过渡"的方式相连接在一起，不存在截然不同的、十分明显的学科知识的边界。因此，学科与学科之间关系是相互交叉的，这种交叉"地带"就是不同学科间的过渡形式，而不是 A 学科属于 B 学科，或者 B 学科从属于 A 学科。

7.1.1 设计与文化的结构联系

7.1.1.1 文化概念

在中国古代典籍中，最早提出有关"文化"概念的是《周易》。《周易·贲·象》说："观乎天文，以察时变；观乎人文，以化成天下。"天文指自然秩序，即所谓"时变"；而"人文化成"，则是通过社会伦理道德的规范，改善社会风气。因此，"人文化成"也就是社会的"文化教化"。后来，在一些著作中更进一步把"文"、"化"连接起来，组成一个完整的概念。西汉刘向《说苑》中有"凡武之兴，谓不服也，文化不改，然后加诛"。晋京暂《补亡诗》中有："文化内辑，武动外悠。"南齐王融《曲九诗序》中有："设神理从景俗，敷文化以柔远。"……上述"文化"，都基本上是"以文教化"的意思，即以封建社会的伦理道德规范教化世人的思想言行，是文治和教化的总称。

在西方，文化一词即 culture，来自拉丁文的 cultura，是动词 colere 的派生词。其本意是指人在改造外部自然界使之满足自己的衣、食、住、行的需要的过程中，对土地的耕耘、加工和改良，对农作物的栽种和培育。后来的古希腊罗马时期，这一术语产生了包含更广泛内容的转义，本来只对土地和作物而言的"耕作"和"栽培"，也可以用于人的教育与提高，即所谓"智慧的文化"。智慧文化的内容是指改造、完善人的内心世界，使人具有理想公民素质的过程。因此，政治生活和社会生活，以及培育人和公民具有参加这些生活所必须的品质和能力等，也逐渐被列入文化概念所包含的内容，使文化的内容主要变成对人的身体和精神、能力和品质等方面的培养，具有了"培养"、"教育"、"发展"、"尊重"等多方面的含义。总之，在古希腊罗马时代及其以后，西方文化概念的外延和内涵都变得更为广泛和丰富。

工业革命以后，随着社会的发展与进步，人们思想认识的不断提高，人们对人类社会的文化问题日益关注和重视，在中国，20 世纪末与 21 世纪初，伴随着经济的飞速发展，产生了文化研究的热潮。这也说明，只有在文化的层面才能进一步回答人类发展过程中所出现的各种问题。

人类对文化的研究一直在不断地发展着，试图用简洁的语言定义文化的意义与概念。但是，由于文化问题涉及人类社会生活的所有方面，研究者都从自己的角度来研究文化，因此，这种定义与描述就五花八门，众说纷纭，莫衷一是。有研究者曾对文化的定义做过一个统计，世界上的学者对文化所下的定义多达 260 多种，这说明文化定义的复杂性与困难性。

不同的定义，对文化概念的外延和内涵有着不同的界定。但是各种各样的文化定义虽各执一词，异彩纷呈，但还是可以根据不同的角度予以归类，并能找到相似之处。

有的学者认为文化包含着两面性，即把文化分为显性文化和隐性文化。显性文化是指人类行为和行为产物的物态化表现，隐性文化是指不表现在外部的知识、态度、价值观念等精神、心理上的文化。

英国著名文化学者雷蒙·威廉斯把文化看作是社会的"符号系统"，他把文化看作是由三个部分组成，而这三部分构成了文化的整体系统。

首先是"理想的"的文化定义，它体现某种绝对或普遍的价值，文化是指人类完善的一种状态和过程。依据这种文化定义所做的文化分析就是对生活或作品中的某种永恒秩序或普遍的人类状况相关的价值的发现和追寻。

其次是"文献式"的文化定义，这种定义把文化看作为人的认知和作品的整体，这些作品详细地记录了人类的思想和经验，文化分析就是借助于对这些作品的批评描写、评价思想和体验的特质。

最后一种是文化的"社会"定义，把文化当作一种特定的生活方式的描述。这种文化分析和阐释方法，不仅探究艺术和学问中的某种价值和意义，而且也考察和探究制度和日常行为中的意义和价值。

威廉斯把文化看作是一种整体的生活方式，而且不像以往的文化学者那样，把文化仅仅限制在伟大思想家和艺术家的作品中，而是致力于从人类的整体生活方式来阐述文化的价值和意义。从而极大地拓展了文化的定义和内涵。他认为，文化概念界定的困难之处，就是必须扩展它的定义，直到它与日常生活成为同义的。

因此，不仅人们的思想观念是文化的，政治与经济体制也是文化的，而且物态化的产品也是文化的。物态化的产品决定了人们使用它的方式，影响着人们一定的精神状态，体现了某一方面的价值观，这是容易理解的。如洗衣机的使用方式，决定了使用它的人们必须以它所规定的方式来使用它，而不能使用另一套方式；洗衣机的形式感的审美特征影响着人们对它的审美评价，影响着精神状态。洗衣机的动力损耗、用水量、洗涤剂的使用量等对环境的影响；使用时的噪声、洗净度；洗衣机的广泛使用使人在节省体力消耗的同时又使使用的人的脂肪产生积累等，无不与价值和意义有关。美国专家研究表明，自从洗衣机问世以后，欧美国家因为洗衣机的代劳平均每人增加了五磅的体重。洗衣机的全部价值与意义的评价，难道可把这一研究成果排除在外吗？因此，任何一件产品，哪怕它在生活中真有点微不足道，都关系着人们的生存方式，都关系着文化生存状态的意义与价值。

人们不是只生活在一个产品构成的环境中，而是生活在成百上千、甚至上万种由人自己设计的物化产品与非物化产品中，人们的生活环境、工作环境、休闲环境、娱乐环境、社会交流环境等，无不由产品构成。因此，无论生存于何种时空环境中，都无法摆脱人们自己设计的产品所加在自己身上的控制、约束与限制。一个产品对人们的约束，可能让人们还意识不到这种限制对生活会造成什么样的影响。每天 24 小时地使用产品，就由它们的限制与约束构成了人们生存的每一秒钟的状态？在设计的产品面前，人们还有多少"自由"可言？因此设计不仅提供了人们所需要的东西，也强迫人们"就范"他们的所有限制与约束，由一个个产品累积起的价值与意义，就成为日常生存所有的价值与意义。这些价值与意义都是人们所肯定的吗？都是人们的希望与目标吗？肯定地说，在这些价值与意义中，有的正是人们所希望与愿望的，有的可能还有相当多的恰恰是设计活动所没有预料到的。因此，设计的创造活动，哪怕就是一件简单的活动，都是一件极具有深刻文化内涵的文化创造活动，只有把设计提升到文化创造这一高度，才能说深刻理解了设计的本质与意义。

诚然，技术是文化，艺术也是文化，但是它们都是人类文化结构的一部分，只是在某一方面反映了文化的一些特征，而设计却是从文化的各个层面反映了社会文化的状态，不得不受既有社会文化状态的影响与限制。设计需要技术的支撑，艺术的想象，但设计绝不是只有支撑与想象就具有价值与意义，它更需要在经济、社会、伦理、生理、心理、哲学等的共同作用下，创造出综合性的价值与意义。只有在这时说，这个价值与意义更接近人们期望与既定的目标。

所以，设计活动不是某一个独立的小系统内的一个活动，设计一个产品也不仅仅是设计一个客体。设计就是设计人们自身的生存环境，设计人们自身的生存方式，也是设计人们的文化状态。反过来，也可以这样说，外在于人的产品，在多大程度上为人所用，具有什么样的价值与意义，就反映着人类在多大程度上使自己成为"有文化"的、并具有什么样的文化品味。

与把文化仅仅限制在观念文化的价值体系中的文化观相比，人们把文化的意义按照威廉斯的文化理论延伸到人类的每一件产品，而且把日常生活的具体式样与行为，与设计的产品联系起来进行考察，从而挖掘出设计在人的生存活动中的深刻意义。行文至此可以说，仅仅从技术的层面、审美的层面谈论设计，都是把产品表层的构成因素当作产品的全部价值构成，从而使设计的意义仅仅停留在技术上、艺术上或技术＋艺术上。这些可直接感知的产品构成因素，仅仅产生了表层的价值与意义，"工业设计应当通过联系'可见'与'不可见'，鼓励人们体验生活的深度与广度"（《2001 年汉城工业设计家宣言》）。只有深刻挖掘产品与人之间的关系，从人们的"生活的深度"上考察产品，才能挖掘到设计的深层价值与意义，才能深刻理解设计的物质功能内容、使用方式与形式特征是如何决定着人们的"生活深度"的。

作为以物质性产品为代表的"显性文化"，在整个人类的文化中占有极为重要的地位，它作为一种物质性的东西是人类生活和生命活动得以存在和持续发展的基础，人类必须创造可以居住的房子，可以使用的工具和设备，以及各种各样的用品。每一个人都不可能离开人类所创造的物品，必须依赖和不断创造以满足自己需要的物品，并且根据自己的需要有意识有目的地设计、创造和生产这种显性的文化。"因而在一定意义上讲，外在物体在多大程度上变成为人所用的'文化客体'，就标志着人在多大程度上使得自己成为'有文化的'。"❶

7.1.1.2　文化的结构

文化可以被分成物质文化、制度文化与行为文化以及精神文化三个部分。它们以三个层级组成一个文化的整体。

文化的这三个层级可以依据它们各自的特征，作一个规律的组成。即如果可以把文化的整体结构看作一个球体的话，那么，最表层的球面层级就是有形的物质文化层，无形的精神文化层则处于球体的核心位置。制度与行为这一既有形又无形的文化层则处于这二层结构的中间。如果将这"球体"进行剖切，那么这三个文化层及相对位置如图7-1所示。

图7-1　文化的结构

（1）物质文化

物质文化是指以满足人类物质需要为主的那部分文化产物，包括饮食文化、服饰文化、居处园林文化、产品文化等。

物质文化的核心是人类与自然作物质交换的特殊方式，这种特殊方式体现为一定的生产力水平，即劳动工具和劳动者的工艺技术的结合，它制约着物质文化的各个方面的风貌。

一定的物质产品是一定的文化及其发展阶段的标志。比如一件粗糙的打制石器，代表的是人类文化的一个阶段；而一把经过精心磨光的石斧，代表的却又是另一个文化阶段；车辆的应用使人们初步摆脱了跋涉之苦，而大型喷气式客机的飞行一下子缩短了不同地区之间的距离，使世界更紧密地联系起来。但是也应该看到，一定的物质生活产品，只是一定的社会生产的结果，即人类文化创造的结果，而对于人类社会历史的发展和文化创造来说，更为重要的却不是生产和创造出什么东西，而是怎样生产，怎样创造。具体地说，就是用什么工具生产，在什么智力水平上进行生产，人们结成怎样的关系从事生产。这就是通过一定社会、一定时代的物质生活产品，人们可以了解到的更大范围更深层次的文化创造内容。

另外，人们可以通过物质产品的消费，了解人们的生活方式。

物质产品的消费直接决定了人们的生活方式，而生活方式是一定社会一定时代的重要表征之一。生产力水平低，物质匮乏，可供消费的产品不多，必然

---

❶ 李鹏程. 当代文化哲学沉思. 北京：人民出版社，1994：179.

带来节俭清苦、朴实淡泊的生活方式；生产发展、社会安定，人们必然丰衣足食、随遇而安，自得其乐；如果财富来之太易，从未体验过匮乏之苦，只知花费而不需挣取，就会诱发一部分人享乐第一、奢侈浪费、大手大脚的生活方式。以上几种不同的生活方式如得到一定数量的人群认可，成为一种潮流，乃至成为大多数人的榜样和追求，而且在一定的时期内保持下去，就形成为一种社会风气或时代风气。作为一种文化现象，时代风气和社会风气已经有了习俗文化和精神文化的成分，但说到底，它是由物质生活资料的消费所决定的，仍属于物质生活文化的内容。

这样理解物质生活文化的含义和内容，自然也就确定了物质生活层级的文化在整个文化结构中的地位：

① 物质生活是整个人类社会生活的基础，它和社会生产直接联系，不仅维系人类个体的生存而且维系整个社会的生存，因此人们不可能没有物质生活，也不可能没有社会生产。物质生活文化，是和人们的物质生活直接联系的文化，因而在整个社会文化结构中也就处于最基本、最初始，而同时也是一种最不可缺少的地位。

② 整个人类文化系统，都离不开一定的硬件设施，都必须依赖相应的物质载体。没有相应的硬件设施和物质载体，某些文化创造就无所依附，也就无法传承和积累。可见，物质生活文化是整个文化赖以生存和传承的基础。

③ 物质文化的创造，不但创造出各种物质对象，而且创造出生产主体，即具有丰富精神意识的人。

（2）制度与行为文化

所谓制度，有两个基本的含义：其一是指要求共同遵守的办事规程或行动准则，一般用于人们的生产、生活和各项工作中；其二是指在一定历史条件下形成的政治、经济、教育等方面的体系。这两种含义的制度，都属于制度文化的范畴，而前者是具体的、零散的和初级的各种生产、生活、工作准绳，是制度的低级形态；而后者已形成完备、系统并得到一定社会公认的体系，因此是制度的高级形态。

制度文化是人类处理个体与他人、个体与群体之间关系的文化产物。包括社会的经济制度、婚姻制度、家族制度、政治法律制度，实行上述制度的各种具有物质载体的机构设施，以及个体对社会事务的参与形式、反映在各种制度中的人的主观心态等。

在人类社会生活中，制度文化直接从物质生活文化的基础上生长出来，反过来又为物质文化的繁荣和发展服务。同时，制度文化与物质文化一起，构成了行为习俗文化和精神意识文化的基础和环境条件，由此可见，它具有一定的中介文化的性质。

人们的行为和习俗是重要的文化现象，行为习俗文化是社会文化系统结构中的一个重要层面。美国人类学家 A·罗伯特在前人研究的基础上提出了他的著名文化定义，认为文化的第一个涵义指的就是"行为的模式和指导行为的模式"。女人类学家露丝·本尼迪克特说："人类学家应当对人类行为感兴趣，而不管这种行为是由我们自己的传统形成的，还是别的什么传统形成的。人类学家应当对在各种文化中发现的全部习俗感兴趣，其目的在于理解这些文化变革和分化的来龙去脉，理解这些文化用以表达自身的不同形式，以及任一部族的习俗在作为该民族成员个体的生活中发挥作用的方式。"可见，行为习俗在人类文化中处于一种十分突出的地位，早已引起了人类学家的广泛注意。

应该指出的是，并不是所有的行为都属于文化的范畴，那些个人的行为、偶然的行为和一次性行为都不能说是文化，而那些对于某一群体、某一地区、某一民族来说是群体的、必然的和重复性的行为，就肯定具有文化意味。所谓习俗，也可以从语义上将其分解为习俗和风俗。如果从对人的生产生活行为进行协调管理的角度看，人们的习惯和风俗也可以说是某种规则、规范和制度，属于制度文化的范畴。但从人的活动和行为的角度看，习惯、风俗却又是一种行为定势，是某种具有特点的行为方式的积淀，属于行为习俗文化的范畴。因此，在行为习俗文化层级中指的行为，是那些已经成为一定群体、一定地区和一定民族的习俗行为，而所指的习俗则是从行为的角度界定的习俗，是作为一定群体、一定地区和一定民族行为定势的习俗。用这样的观点审视权衡，人类行为习俗就是生活习惯、民情风俗、人际礼仪、年节假日、避讳禁忌等。这里重点谈一下生活习惯。

生活习惯，指一定的群体乃至地区、民族在衣、食、住、行等日常生活中长期形成并相对稳定的行为定势、兴趣爱好及不同场合下的不同方式。毫无疑问，这里所说的生活习惯，是直接由物质资料的生产水平、人们的生活方式乃至整个物质生活文化所决定的。许多人类学调查资料表明，不同民族、不同地区、不同经济文化类型的人们，有着不同的衣、食、住、行习惯，这些不同的生活习惯表现出强烈的民族性、地区性、时代性、行业性，因而是不同文化间的显著文化标志。在社会文化系统结构中，行为习俗文化以物质文化和制度文化为基础并处在较高的层面，对人的影响无处不在、无时不在，直接推动着人的性格个性的塑造，直接用习俗抵挡不住的影响力使人们在潜移默化中形成一定的兴趣爱好、价值观念和理想追求，从而进一步影响精神意识文化的创造。

（3）精神文化

所谓精神文化，即是人在长期的实践活动和历史发展中对自然界、人类社会和人自身的认识成果。它直接表现为人的精神意识的丰富，同时外射、对象化到人对外部世界的改造活动中。

精神文化包括文化心理和社会意识等形式。

可以把社会意识形态按照其与人们现实的社会存在关系的远近区分为低级

意识形态和高级意识形态。低级意识形态是政治思想、法律思想、道德伦理学说。其中政治思想是人们对于社会政治制度、国家和其他政治组织、各阶级和各社会集团在政治生活中的各种关系的看法的总和。法律思想是人们关于法律制度、法律规范、法律机关以及法律关系的本质、特征、作用等方面的观点的总和。伦理学说是以调节人际关系的道德原则为研究对象的，以描述道德、解释道德和进行道德教育为任务的一种学说，三者都与人们现实的社会关系有着密不可分的联系。高级意识形态包括艺术、宗教和哲学。

精神文化涉及较广，它包括科学认识水平、社会心理结构、社会意识形态与精神产品等。

精神文化归根结底是由物质文化决定和制约的。一方面，精神文化需要一定的物质载体，在物质生产力水平很低的情况下就不可能有电影、电视、通信卫星等各种大众传播媒介；另一方面，精神文化所达到的历史水平（人在真善美诸方面的完善化的程度）一般是与物质文化的发展水平相适应的，是与物质文化发展的曲线平行而进的。尽管精神文化有其相对的独立性，但精神文化的性质归根到底是由物质文化的性质决定的。

综上所述，物质文化、制度文化和精神文化乃是一个相互依存的整体，物质文化中渗透着制度文化和精神文化，制度文化为物质文化所决定，同时又以一定的精神文化观念作为存在的前提，并在其中凝结着、积淀着精神文化的因素，而又反转来给物质文化和精神文化的发展以巨大的影响。精神文化归根到底为物质文化的发展水平所决定，但又受到制度文化的制约和影响，并且反作用于制度文化和物质文化。三者相互依存、相互制约、相互渗透，构成了一个无穷无尽的相互作用的网络，一个由多层、多侧面、多方位组成的有机整体结构。

7.1.1.3 设计与文化的结构联系

（1）设计的文化结构

如果比较详细地考察设计这一既富有"思"又富有"行"的创造行为，就可以对设计的文化要素进行分析与归纳，建构起一个类似于文化结构的设计文化结构图（图7-2）。

① 设计的物质层

设计的产品作为可感知、可操作的特点，构成了这个球体的外壳，这个外壳是由设计的各种产品及工具（包括硬件软件）所组成，称之为设计文化结构的物质层。

设计是一个以创造产品为目的行为与活动，因此其结果必然导致一个产品的产生，这个产品可能是物质性的，也有可能是非物质性的。实际上，大

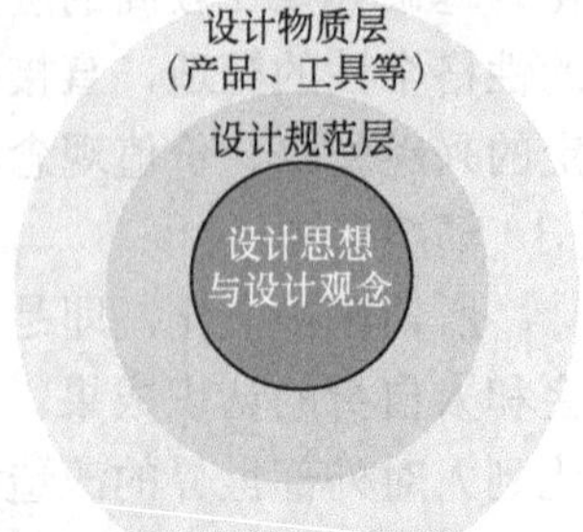

图7-2 设计的文化结构

部分非物质性产品在结构中，仍然是一种带有某种物质性特征的存在。虽然它不像普通物质性产品如洗衣机一样，是可触摸、可度量、可感知的实体存在，但他们在界面上以符号的形式给人以感知（至少是视觉感知）并可操作。如word软件，电子游戏软件，音频、视频播放软件，以及其他各种建筑在数字化技术基础上的产品都是非物质化产品的典型代表。它们的可感知、可操作的互动特性，使它们仍具备一定的"物质"特性。

② 设计规范层

设计规范既是设计思想的具体化，又是具体产品设计行为展开的方向。它起着联系设计思想、设计观念与物质层的产品的作用，他们处于设计文化结构中介于内核与物质层的中间，称之为"设计规范层"。

设计思想作为一种纯观念、纯精神的意识，无法直接"指挥"设计的具体展开。设计活动接受的指导，必须是具体的，而非抽象的；必须是可操作的，而非观念的。因此，设计思想必须通过设计规范作为具体化的"指令"，设计才能展开。

这里所说的设计规范，实际上包括两大方面：一是控制设计行为展开的设计"技术"与设计制度层面的问题，如设计程序、设计方法就是属于设计行为展开的"技术"问题；二是控制设计结果质量的设计规范层面问题。

前者的设计程序、设计方法，是关于人的设计行为如何更有效地展开的设计方法论问题，它属于直接指导设计行为展开的"技术性"问题；后者的设计规范，实际上是通过一些政策性指令、产品的技术性指标等控制设计结果的质量。这个"质量"，实际上就是设计物"人化"的质量。物的"人化"必须全面体现出人对设计物的种种需求，这种需求既涉及人的生存活动的广度，又涉及人的生存活动的深度。"人化"的广度关系到人与物产生联系时涉及相关学科，如心理学、生理学、伦理学、美学等；"人化"的深度则决定于各相关学科对人的研究深度上。

设计学与许多与人相关的学科的交叉形成了设计原理学科群，如设计社会学、设计心理学、设计伦理学、设计符号学、设计管理学、设计生态学、设计创造学、设计美学与设计经济学等。这些学科群的知识成为设计约束要素，控制着物设计的"人化"质量。当然，这个学科群目前并末全部形成。他们中的大多数只能以简单的原则形式出现，并未形成系统的、完整的学科。但是这些学科群的出现，仅仅只是时间问题而已。这些学科群初步确立之际，就是人类设计行为进入更自觉、更自由、目的更清晰的新阶段。

如果说设计思想与观念，给设计提供了总尺度的话，那么设计的规范层，则给设计提供各类具体的分尺度，即由设计原理学科群各学科形成的如设计社会学尺度、设计心理学尺度、设计伦理学尺度等。

③ 设计观念层

设计思想、设计观念等"无形的"的东西，作为设计行为的总出发点，成为设计文化结构球体的内核，可称之为设计文化结构的思想观念层。

人类的设计行为，是一项极具哲理性、有计划、有目的的创造活动。由于设计与人的生存的密切相关性，人的生存的目标、生存的合理性、人与物的关系等，首先成为设计师必须认真思考的问题，并且只有在对这些问题有一个清晰的认知后，才能展开其设计活动。设计思想通常以设计哲学、设计观念、设计意识、设计价值等表达出来，它们构成了人类设计活动总的出发点与行为的依据。缺乏设计思想与目标，设计就是一个盲目的无意义的活动。

（2）设计与文化结构的联系

设计毫无疑问是人类文化中的一个重要组成部分，是构成文化这个大系统中的一个子系统。作为构成要素与子系统，文化对设计存在着方方面面的影响与约束。同时，作为子系统的设计，它的任何发展与变化，也影响着文化的生成与发展。

作为设计的结果，即物质化的存在——产品构成了设计的物质层，他们构成了文化结构中物质层的主要要素，是文化结构物质层的主要组成部分。文化结构物质层中的其他部分，是工业设计成果——产品以外的所有的人工物（包括非物质性人工物）。任何一个产品都以他们自身的存在表现了文化，证明了人的创造力以及当时人们建构这些产品的能力，反过来也可以说这是文化具体存在的状态，人们可以根据它来认识当时人类文化的状况。从这点来说，任何一件产品都是一段人类社会发展的固化的历史。

设计中的思想，即设计哲学、设计观念、设计意识等无疑是文化结构核心层中的思想与哲理在人类设计行为的具体体现，设计中的思想无不受人类文化结构中的思想与哲理的影响与限制。也可以说，设计思想与哲理构成了人类文化结构中观念与意识层的一部分。

设计中的设计规范层，包含着既体现设计思想与哲理又能指导某一具体产品的展开的种种设计原理，这是一个既包含着精神要素，又包含着某些物的要素的中介要素层。它既是设计活动的行为规范、准则，又是设计物创造的具体尺度，它们是文化结构中的制度行为层在设计领域的具体化。不同民族的设计文化差异，主要在这一层有着特别分明与清晰的体现。

7.1.2　设计的文化内涵

7.1.2.1　设计文化的存在

"设计是什么"，这是所有学习设计、理解设计的人首先想了解的问题，这也是一个既简单又复杂的问题。说简单，是可以举出设计的定义即可回答；说复杂，是因为一个人想要真正理解设计，不仅要理解设计的表层，还要理解设计深层本质特征，难以用几句话、几段话所能清晰而完整说明的。这是因为工业设计作为一门多学科交叉的、对中国社会来说还是比较新颖的学科，我们还难以找到一个学科与它进行比喻式的说明，即使与它相近的建筑学，也是由于其专业性而难以被社会普遍了解其本质与特征。因此，常常用一些与之相关的学科进行否定性的判断，如"工业设计不是技术设计"，"工业设计不是艺术设计"来试图说明它们之间的差异性，但是，都难以清晰、准确、完整、正面地回答这一问题。

回答这一问题只能从文化的角度出发。

人类的设计行为，是一种与人类生存和发展密切相连的社会现象，它体现和承担着人类历史发展与文化创造的目的和要求。设计是人类证明自己存在的特殊行为，是动态的活动，具有多层次的文化意义。

设计的文化内涵，是指设计中具有的文化意义。

设计文化是目前社会使用渐多的词语之一，这表明了现代社会对设计认识的深入。尽管设计文化中的"文化"带有形容词的意味，使设计这个行为具有文化的色彩、文化的意味。实际上，在现在社会中，许多行为、产品与文化相结合，形成了诸如酒文化、茶文化等概念，因此，设计文化的提出，使人感到并没有什么深刻之处。

实际上，设计文化指的是设计行为、活动确确实实是一种文化活动。设计作为一种过程，是在文化要素的约束与限制下进行与展开的，任何有意或无意摆脱文化影响的设计行为，实际上是不可能存在的。设计作为一种结果，势必对社会产生一定的影响，这种影响就是文化建构的作用，也就是说设计的结果是一种文化创造行为。它创造了人类整体文化中的某一个新的文化形态，如汽车文化、电视文化等。设计之所以能创造文化，是因为设计的结果——产品在社会中被广泛地接受。一个人或几个人的产品使用，不会成为社会的文化问题。当成千上万、几十万、几百万、甚至上千万人的使用，势必成为一个社会文化问题，而不管它的使用结果是肯定的还是否定的。

因此，无论是从设计过程还是从设计结果来考察，设计文化是存在的。不仅设计文化是存在的，而且设计文化是应该存在的（此处不做展开）。

从"设计"走向"设计文化"，再从"设计文化"走向"设计文化学"，这是工业设计发展的必然。从"设计"走向"设计文化"，表明了设计学科正一步步走向成熟、走向系统；从"设计文化"走向"设计文化学"，是设计真正从"学"的意义上建构起自身系统的、科学的、完整的理论的结构体系，使设计学真正成为一门崭新的科学。我们期待着真正的中国设计文化学的诞生。

7.1.2.2 设计的文化内涵

设计的文化内涵，是指设计在文化的影响下体现出的文化特征。

文化对于设计在各个层次与结构上都施加了影响，可以说工业设计始终是在文化的约束与滋养下发展的。作为一个过程，工业设计始终受文化各要素的约束。作为一个结果，设计的产品在不同的层面上体现了一定时代的文化特征。

（1）设计体现了文化作为人类生存与发展的复合条件的特征

人类在劳动实践过程中，创造了称之为"第二自然"的客观世界，这就是文化的世界。这种文化的世界是人的本质力量的投射和外化。所谓人的本质力量，就是人改造自然、改造环境的创造性活动的力量。这种力量不通过劳动实践，是无法认识的，必须通过创造性活动，改造了自然、创造出某一成果，通过这些成果，才能体会到人的力量。投射就是指这种本质力量对客观世界的改造所能达到的状态。没有投射，就无法领会一个人内含的创造力有多大。外化的含义与投射相似，指一个人作为主体，他的创造性活动必须通过他自身以外的"外部状态"的变化，才能显示并予以衡量。"外化"是相对于一个人主体的"内含"而言。无论是投射还是外化，都是通过外部世界的状态改变让人体会到人的内部蕴含的无法直接感知的创造力。所以，说文化的世界，或者说文化，是人的本质力量的投射和外化。"投射与外化"实际上就是客体化的人的创造物，这一人的创造物反过来确证着人的本质力量。所以，文化是人的创造活动的成果。

在另一方面，文化又是人类的生存与发展前提条件，即文化对人起着规范性和创造性的作用。这种规范性、创造性作用，是通过文化是人的社会存在的"信息库"而达到的。

文化作为人的社会存在的"信息库"，使文化的各类形态和基本层次与人的行为之间建立起一座不朽的桥梁。全体社会成员通过这个集体的"信息库"，都获得精神的力量，获得知识，获得认知方法、行为特征以及实现各种目的的种种手段等。这种社会文化"信息库"对人类的作用，犹如生物界对于生物遗传信息库的依赖关系，是不可或缺的。这个"信息库"规范着人与人、人与自然之间的形式关系与价值关系，规范着人的行为与价值的生成。人类失去这一规范、这一前提条件，只得回到原始起点。

因此，文化作为人类生存与发展的复合条件，反映出文化的一种本质。

设计作为人类生存与发展的复合条件之一，指的是：一方面，设计是作为人的生存与发展的前提之一而存在的，也就是说人的生存乃至发展，必须依赖于人的设计行为及设计的结果——产品。设计为人的生存乃至发展提供了尽可能的工具、用品、建筑等，以保证人的生存与发展成为可能。另一方面，人类在生存与发展过程中，通过自己的创造性活动，设计出更多、更合理、更科学的产品，成为人类的创造性成果。这种既作为人类生存与发展活动的成果、又成为人类生存与发展的前提条件，称设计为人类生存与发展的复合性条件。

设计作为人类生存与发展的前提条件，有着两层含义。

第一层含义，设计作为创造性活动的成果，支持着人类的生存活动与发展活动。

设计作为人类生存与发展的前提条件，无不建筑在昨天生活的基础之上。

人的生存与发展，必须利用已有的各类工具、用品等这样有形与无形产品，它们成为人类与环境"对话"的中介。缺乏这一中介，人与人，人与社会，人与自然的"对话"就无法进行。这些有形与无形的产品就是人类设计行为的成果。人类只有依靠已有的设计成果，去开始每一天的生存活动与发展活动。因此设计作为人的生存与发展的前提条件的重要性，是不言而喻的。

第二层含义，作为人类创造性活动成果的设计，规范着、约束着、控制着人的生存与发展的模式。人在自己的生存活动与发展活动过程中，受着文化的控制、规范与约束，设计作为人类文化构成的重要因素之一，也体现出这种规范性、约束性与控制性。无论是有形产品还是无形产品，一旦它成为产品，就对使用它的人产生规范作用，强制性地要求使用者依据它的操作规范进行"一丝不苟"的操作，才能发挥产品设计预定的物质效用功能。

就物质性产品而言，这种"规范"作用体现在三个方面：一是产品的功能内容规范了人的需求内容；二是产品的操作方式设计规范了人的操作行为；三是产品的形式设计规范了人的审美形式与认知方式。

这三个方面的"规范"，使得人们面对一个产品时，从产品形式的符号认知、审美到操作行为、操作规则以及产品提供的功能内容是否最大程度满足人的需求等，已经失去主动体与主体地位，他只能在产品提供的这三个层面上的规范方式内"享用"产品。如果产品设计不适合、不符合人的审美观念、认知习惯、操作行为特征与功能需求等，那么，人们只能选择两条道路中的一条：要么"委屈"自己，使自己去迎合产品的特征，让自己去适应产品；要么拒绝产品，丢弃产品，除此之外，别无他法。在这里，已经可以清楚地得出结论：设计的结果严重地影响着人的生存与发展。设计的合理性、宜人性与科学性并非一句可有可无的口号，它规范着人们每一天的生活，影响着人们的行为方式，塑造着人们的生存方式，决定着人们活动的效率。

设计是人类生存与发展活动的成果，同时也是文化的成果，体现了人类规范行为与创造能力。设计成果作为人类确证自己本身力量的投射与外化，确证了人类自身的创造的本质力量。因此，作为支撑人生存与发展的设计产品与作为人创造性活动的设计成果，构成了人类生存与发展的复合性条件，既是这一次创造性活动的前提条件，也是这一次创造性活动的成果。

（2）设计体现了文化作为人类自我相关的中介系统的特征

在人的活动中，文化创造物是多样化的，文化是动态发展的系统。文化是人类自我相关的中介系统，是通过文化历时性与文化共时性体现出来的。前一次文化的创造力成为再一次活动的客观条件和前提、工具与手段等，因此文化作为人类活动中介系统，有着前后相继的价值和意义，这就是文化的历时性特征。

在文化创造活动中，人与文化创造物存在着一种称为自我相关性的关系，这就是文化的共时性特征。

在人类社会历史发展过程中，人们所创造的任何产物一旦作为成果成为客观存在，都会对人自身与社会发展发挥着特定的作用。因此，从文化角度看，人类的文化活动不仅是获得产物，而且是要使这些产物能够成为人类再次活动的中介——客观的前提条件、思想和物质的工具系统及其他必要的达到目的的手段等。但是，这种文化创造物虽然是客观存在，但也是包涵了人自身的相关特征，是人的本质力量的确证与投射，这就是文化的自我相关性。也就是说，所谓文化的自我相关性，就是任何文化创造物，它既是人的创造活动的产物，又有着人的特征的映射，即反映着人从生理到心理的各种特征。

人类的设计行为也完全反映了文化的这一特征，即设计也是自我相关的中介系统。

在前面，刚刚讨论了设计作为人类生存与发展的复合条件的内涵。即一方面，设计是人类生存与发展活动的成果；另一方面，设计又为人的生存与发展提供了条件。设计也体现了文化的这种历时性特征：前一次设计的创造物成为再一次活动的客观条件、工具与手段。

设计的自我相关共时性特征则体现在：设计的结果既是人的创造物，同时又在自己的创造物中反映着人的各种特征，成为人类确证自己本身力量的投射与外化。

（3）设计体现了文化作为人类生活实践总体性尺度的特征

在人的文化创造活动过程中，存在着一种评价活动，随时对人类的各类活动进行价值与意义的评价，这种价值与意义的评价标准，称之为评价尺度。

所谓总体性尺度，是指在人类创造活动中所秉持的总的价值评价尺度。马克思关于人也"按照美的规律塑造物体"的格言式论述解释了人与动物生产所依据的不同尺度，并指出，在人类的创造活动中，人作为主体所秉持的尺度有两个：一切物种的尺度与人的内在尺度。前者是客体的尺度，是人以外的所有物种（包括无机的自然界）的尺度。有机、无机自然界的"尺度"就是它们自身的客观规律性。后者是人自身固有的内在尺度。人类在创造活动中是将这两个尺度相结合，即将主体的内在尺度和客体尺度共同运用于创造活动，使创造活动的最终产品既"合目的性"，又"合规律性"。"合目的性"就是符合人作为主体的内在尺度，"合规律性"就是符合人以外的所有物种（包括自然世界）的客体的尺度。

文化作为人类创造活动前提条件，又作为创造活动的成果，凝聚了来自人在这一主体和人以外的客体的各种性质的规律与尺度。人类的任何一种创造物都包含了创造者——人的意图和技能，也包含了创造过程中所涉及的自然世界中的物质材料，前者包含了人作为主体的内在尺度，后者则包含了客体尺度。因此，任何创造物的问世都是人的主体内在尺度与客体尺度的有机结合的结果，是既"合目的性"又"合规律性"的。因此，任何一个文化创造物，既不单纯属于主体的内在尺度，又不完全等同于客体尺度。它们总是同时包含着这两种尺度的约束性特征，所以，文化就成为人类一切创造活动的总体性尺度。

文化作为一切创造性活动的总体性尺度，其另一个含义就是它既包括了人类在创造活动中所涉及的各个具体方面的具体尺度的总和。如生理协调尺度、形式审美尺度、道德伦理尺度、心理尺度、环境尺度以及自然界客体存在着许多具体的尺度等。

设计作为人的文化创造活动中的一个极其重要的行为，无论是其过程还是作为结果的产品，完整地体现出文化的总体性尺度的特征。

在设计过程中，需要在各方面对设计的产品进行创造，这一个创造沿着两个方面进行。

一个方面，沿着人这一主体的尺度控制设计，即沿着"人化"的方向，赋予物以"人"的特征。设计，起源于人的需要，为了满足特定的需要，人类必须通过设计创造出一个新的物来达到满足需要的目的。这就需要在设计行动之前必须有一个思想、一个观念、一个目标，这个思想、观念、目标，就是出自人自身的主体内在的需要，因此，它们就构成了一个主体内在尺度。

如产品的形态、色彩、材质、肌理、大小、重量、高低等都必须与人的特征、需求相协调。

另一个方面则沿着客体的尺度约束设计，即沿着"物化"的方向，使物不违背自然的规律，以确保构思中、图纸上的"物"能顺利物化为一个真正的产品。

上述两个方向，在产品设计中不是分裂、单纯地发展着，而是始终密切地、有机地结合在一起，共同控制着设计的发展与设计的结果。因此，设计的最终创造物就成为既具有"人化"的特征、符合人的"合目的性"的尺度，又能符合"物化"的"合规律性"尺度的高度统一物。

（4）设计体现了文化的价值与意义

由于文化的创造和文化的存在，人类才能生活在人化的世界里。

文化创造和人的文化存在，给人的不仅仅是一个实体的物质世界，一个知识与经验的世界，而且也是一个价值与意义的世界。

由于文化的存在，及文化赋予人的一切，使人能够超越其本能的需要而设立行动的目标，人通过对目标的追求及最终达到目标，就展示了价值并理解其意义。

对于一个社会或民族文化体系来说，一种客观的体系构成了他们的最权威内核和控制行为与思维活动的依据，这一种客观体系就是这个民族文化的价值体系。这个体系以道德、宗教、艺术、教育、社会交往和社会日常活动的各种方式，向整个社会和民族传播并教化，对该社会和该民族的人们在思想文化、行为方式及评价方式等各个方面都给予规范，使之带上这种文化的特征。同时生活在该社会或民族的人们的思想行为等，只有与这种价值体系的价值取向一致，才能体现出一切思想行为的意义。也就是说，与价值体系的价值取向一致的思想与行为，是有意义的思想与行为，否则，就是没有意义的。

对于一个社会或民族来说，价值的含义是什么？从一般意义上说，价值是与满足人的需要及其满足需要的程度紧紧地联系在一起。满足需要是有效性的问题；满足程度则是评价问题。从文化哲学的层面上分析，价值是任何一个文化对象所固有的，它表明了这个文化对象的性质与意义。如果文化对象与价值分离，也就是说对价值毫无关系，那么，这个文化对象就不具备价值，也就失去意义。

任何一件设计作品，都是人对自身本能的超越；任何一个设计行为，都是人在预设了一个目标后的一种活动。严格地说，人设立一个目标，就是制定了一个满足人的一个具体内容的需要计划，以及通过什么样的过程与手段来达到这一个满足人的具体需要的目标。因此，任何一个设计行为都应该是一个有价值、有意义的人的活动行为。但是，这种"有价值、有意义"的行为最终结果，能在多大程度上满足人的需求，则是这一个设计结果的优劣问题。采用什么样的过程、选用什么样的技术手段来达到设计的目标，则完全涉及满足人的需要的程度，即效率问题。因此，尽管设计师都出于一定的价值目的展开他的设计行为，但最终所能达到的结果，即完成目标程度却有着很大的差异性；即设计结果（如产品）在满足人的需要的有效性差异与效率性差异。

如微波炉，作为西方人发明的、用于解决欧美国家饮食方式即西餐的产品，在满足欧美饮食习惯的食物烹调的重要目标上，其具备的有效性是无可置疑的。在满足需要的程度上，也是令人满意的。但是当把这样一个产品引进中国，如不作任何改进的话，那它在满足中国人的需要上就大打折扣。由于中国传统食物的加工方式主要是炒、溜、煲、炸、煮等，而微波炉却不具备这其中的大部分功能，仅仅将食物加工变熟，因此，微波炉在满足人们的需要上，其有效性与效率就大有问题。这说明，民族文化的差异，决定了人类各国、各民族、各地区人们的需要是大有差异的，因而，一个产品对不同民族的人们来说价值与意义也就差距甚远。

任何一个时代的文化体系以及内在的价值，都会随着社会的发展与时代的变迁而积累与转换。随着人类创造活动的不断展开，创造物的不断丰富，原有的价值体系便有可能失去往日的光辉而变得黯淡无华，一种新的价值体系会应运而生而取代旧的价值体系，这些都会在人类设计行为中充分体现出来。

如产品设计中，法律观念会随着社会历史的变迁和社会结构的变化而发生本质上的变更，从计划经济体制下无设计的专利法规意识到今天市场经济体制下设计专利法规的严格约束；道德观念和道德评价尺度从一个时代到另一个时代的转变而变得截然不同（如残障人士专用产品开发，老年专用产品开发，都涉及设计的道德规范与设计的道德尺度）；作为社会意识形态的审美价值等，也会随着社会形态的变革而在内容与形式上产生变化。

7.1.3 设计的文化生成

设计的文化生成功能，即指设计对人类文化的影响。设计对文化的影响与文化对设计的影响一样重要。否认前者，就使工业设计成为一种丧失文化目的的活动。对人性的蔑视、对自然的破坏及资源的浪费等，都反映了设计作为文化的欠缺和失职。

大至一个城市、建筑物及航天飞机，小至一支铅笔、一支口红，人类一切的生存空间和生活方式，以及所有的用品，都要经过精心而富有创意的设计。人类生活在一个被精心设计、且不断被设计着的文化环境与文化氛围之中。在这一意义上说，设计将构成人类生存与发展的一种方式，这就是设计文化的方式。前"全苏工业设计科学研究所"所长尤里·苏罗维夫曾把工业设计界定为人类的"第二文化"："从属于文化，即由各种产品创造出来的'第二文化'，反映了由社会经济体系、意识观念的差异和物质与精神之间的矛盾所产生的全部结果的复杂性以及冲突。将工业设计这一行为和其成果（产品）内潜的长处和短处，与社会经济的形式及其设计所适应的社会文化分开来考虑，这已是不可能的了"。

设计的文化与文化的设计，作为设计文化的两个方面，相辅相成，互相促进，不断提升着人类文化的水平。现有的文化从各个方面影响、制约着设计，设计又不断创造着具有新内容的文化。

把任何一件产品的设计，看作是新的文化的符号、象征与载体的创造，是理解"设计是新的文化创造"的前提。有了这一个前提，设计就不是一件单纯的"商业行为"，也不是单纯的"实用功能的满足"与"审美趣味的体现"，它是人类文化的创造。

从设计作为一种物态化创造行为来看，工业设计不仅是一种出于物质性需要的物质性产品创造的活动，也是文化符号的创造活动，更是人的生存意义的创造活动。总之，是在生活领域和精神领域之间寻找中介，在他们之间架设起物态化的中介"桥梁"。维克特·帕佩纳克在《为真实世界而设计》一书中，从如下几个方面对设计活动做了描述性的规定。

设计是一种赋予秩序的行为，是一种具有意识意向性的行为，是一种组织安排的行为，是一种富有意义的行为，是一种以功能为目的的行为[1]。这些描述性的规定正体现了人类的设计活动是一种文化创造活动的特征。

---

❶ Vivtor Papanek. Design for the Real World—Human Ecology and Social Change. New York, 1973：5

7.1.3.1 设计创造了产品赖以生存的物质功能

在这里，功能不只是体现为设计产品所构成的实用性特征，而且体现了人们与设计产品的需要之间的价值关系。任何设计产品所具有的功能都是针对人们的物质性需要和文化性需要而言的。撇开了生活中人的需要便谈不上产品的功能价值，也就是说，功能并不是专属于物品本身的对象性存在，而是与人的需要之间构成的一种价值关系。建筑的功能、家具的功能、各种产品的功能，首先是针对人的生存需要和生存活动而言的。任何针对人们生活的设计产品都必须具有某种功能性，丧失了这种功能，产品也就失去了它的社会价值，不能进入人们的生活世界。

仅仅把设计产品的功能看作是可用、可乘、可坐、可看、可谈论，已过于简单与落后，当代设计已经改变了对这种产品功能的简单性认知，生活中的人们对于产品的要求也有了更丰富和多维的要求。但是，对于满足人们生活需要的设计产品来说，确实不可忽视这些最基本的要求，汽车必须具有可乘的功能，否则不能称其为汽车；椅子必须是可坐的，否则不成其为椅子。任何设计产品都必须是具有视觉性的，是可看的，缺少了基本的形式和结构，不可能进入人们的消费视野和生活世界。失去了产品的功能性要求，便失去了产品的真实性和可靠性，失去了产品之所以成为产品的最基本要求。正是产品的功能和可使用性构成了它们与人类生活的最基本的价值关系。

反复强调产品物质性使用价值，就是试图说明这样一个最基本的道理：任何一个产品的存在，都是基于它的物质性使用价值，任何实际思想、思潮、风格的演变，都无法改变产品的这一个特性。对产品物质性使用价值的损害、削弱与蔑视，都不是工业设计的正确思想与原则。

设计产品除了其使用性功能价值外，还具有认知功能、象征功能和审美功能等。任何一个设计产品不但以其外观形式告知该产品的结构和形状，而且也通过设计告知人们如何使用该产品。同时，该产品也以设计的独特形式和符号体现着某种象征意义。所有这些因素交织在一起，既使设计产品呈现出物质性的功能，也呈现出其形式美感与符号认知的功能，从而使设计产品同时具有物质性和文化性特征。

从设计产品与人类的生活需要之间的动态关系来看，功能是具有历史性特征的范畴，正是人类对产品功能的多样性需求和对功能要求的发展和转变，促使设计师不断地设计出具有不同功能价值的产品。对于设计活动和人类需要来说，功能不是一个固定不变的概念，也不具有稳定不变的指标体系。它是具有高度变动性和发展性范畴，并随着社会文化和经济、技术以及生活的转变而不断变化发展的概念。从文化的角度看，产品功能不单是作为客体的产品所具有一种独立于人的物的特征，而是与人的需求密切相关的文化特性。正因为人的要求，才使得产品的物质性功能具有被创造的价值。因此，人与产品之间的价值关系的建立，使得作为客体的产品具有了人化的特征，因而产品的功能绝对不是作为物的产品结构所具有的、与人无涉的固有特性，而是人化价值体系中诞生的，具有人化意义与人为选择的必然结果。

图 7-3　概念船"AZ 岛"

概念船"AZ 岛"在海上航行时宛如一座会移动的城市

法国建筑设计师左皮尼设计的"AZ 岛"是一艘巨型邮轮，它长 400m、宽 300m，有 15 层楼高，在海上航行时宛如一座会移动的城市。船的里面设有 4000 间客房，可同时容纳 1 万人居住。左皮尼还为船上的居民准备了健身房、海水浴中心、保龄球馆、歌剧院、电影院、网球场、篮球场等公共娱乐场所，人们可以在这里尽情地享受生活的乐趣。在船的周围，是由透明材料制成的约 1000m 长的散步长廊

7.1.3.2　设计创造了可用作认知与象征的符号系统。

卡西尔将人类文化创造归结于符号的创造。当然这里符号的含义包括各种图式、符号、代码、活动方式等。

"文化创造活动首先是以形式—符号的创造为标志和根据的。创造形式—符号是人类所拥有的最高创造力的表现之一：小到对某种生活用品、食品及生产工具的造型和改进，大到对思想观念、概念体系、思维方式、社会形态的构设"。❶

把文化创造归结为符号创造是很容易理解的。人类的一切创造活动都必须也只能通过符号形式进行。表述思想，就得使用语言和文字，语言和文字就是

---

❶ 李燕著. 文化释义. 北京：人民出版社，1996：169.

符号。语言是声音的符号；当你说出"电视机"三个字，听的人就在脑子里呈现出电视机的模样与意义，语言交流就实现信息的传播。"电视机"三个字的语言就成了人们的沟通思想的符号。至于文字更容易理解，文字是记录语言的符号。看到"电视机"三字，脑子里同样会呈现出电视机的模样。

要记录思想、经验、想法，依靠文字，记录下来传之万代，就是依靠符号的力量；一张建筑物的平面图，一个产品的构想图，也是符号，用它们来表述设计者脑子中设想的模样，是用来表示将来现实中的物的符号。

在日常生活中，敲一下门，表示"我要进来"，或者"找人"，这敲门就是符号；伸手去握对方的手，是表示友好的符号；一个深沉的眼神，就是情感交流的符号，传达着难以言传的深深的意义……

设计创造的任何产品，包括物质的和非物质的，都涉及符号创造问题。特别是物质产品的形式创造，更是一种赋予诸多内容与意义的符号创造。一个产品的形式设计，可以说就是一个具有复杂意义的符号系统的创造。

产品视觉符号创造的"质料"有：形态、色彩、材料与肌理。通过这四种"质料"的不同组合，可形成无以计数的产品符号形式。

产品听觉符号创造的"质料"是声响。如人机交互界面在信息与输入输出时有意或无意发出的声响。这些声响可能是有意识设计，也可能是非设计的。产品触觉符号创造的"质料"是各种材质与肌理。不同材质的物理性能与化学性能给予人的触觉以不同的感觉，它们可构成特定的符号内容，如钢铁的坚硬、木材的温暖、塑料的温润等。

肌理是不同于材料概念的另一种视觉与触觉符号"质料"。由于肌理可以依附在不同的材料上，而非某种材料的专有，因此，肌理就具有自己特别的表现力。如石材经研磨，如同镜面的大理石，它与未磨制的粗糙表面的大理石就由于肌理差异而呈现出不同的符号内容。

加工工艺的发展，使得人造肌理与自然材料相比能达到以假乱真的水平。非木材的木材化，非金属的金属化，非皮革的皮革化等，使得低档材料可以模仿高级材料而大大节约了成本，但却显现出高档材料的符号意义。

当然，产品的符号创造不是任意的"质料"组合，而是必须按照一定组合原则使之蕴含有特定意义的内容。

产品的符号创造可以产生认知功能与象征功能。

7.1.3.3 设计创造了工业化生产条件下产品的审美方式，拓展了现代人们的审美意识

长期以来，人们的审美意识一直指向艺术品。认为只有艺术品才能使人们产生美感。但是，当技术发展成为人类社会前进的主导动力时，技术产品体现出来的特有的审美要素与对人的审美意识产生的巨大影响，大大扩展了人们的审美意识范围，使美学形态领域增加了技术美的概念。

工业设计是有形的技术要素（如结构、材料等）为基础，构建起具有无形的功能内容与人化特征的可视的产品形式，这个形式也就是符号形式。因此，工业设计创造产品形式美是以技术手段、材料、技术结构、功能等为主体的技术美。

　　大工业催生了工业设计，工业设计也充分显示了大工业生产的特征与审美，从而把传统美学从艺术美、社会美、自然美的形态的基础上扩展为技术美的第四种形态。

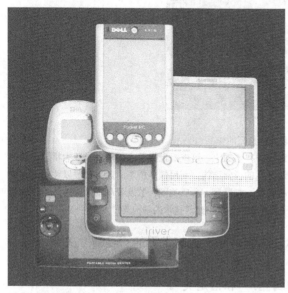

图 7-4　现代社会中的通信、视听产品
现代社会的商品，是工业技术的产品，每一个人都无法躲避由它们构成的生存环境。规整的形态、机械的肌理、秩序的构成与抽象的语言等现代工业产品的审美特征，不得不影响人们的审美观念

　　尽管有些学者不同意把技术美作为美学中审美的第四种形态，认为它不过是社会美与自然美的结合，但是，作为构成人类生存"第二自然"的工业产品，已经以独立而特殊的审美形态区别于社会美、艺术美与自然美，也不可能把一个产品的审美清晰地分解为这一部分是自然美，那一部分是社会美来予以对待。技术美以其独特的形式，必将作为第四种审美形态而成为新时代美学的一个崭新内容进入美学体系，从而扩展了现代社会人们的审美意识。也就是说，一件从流水线上下来的工业产品，虽然它不是艺术品，也不是自然物，更不是社会事物，它以自身的人工物特征显示出现代文明综合物的新颖美感：人工材料（或二次材料）现代的美感，加工工艺的精致美，结构巧妙的结构美……吸引着人们的眼光。

　　技术美的构成要素有：物质性功能美、结构美、形态美、色彩美、材料美、肌理美……它们共同构成整个产品的"交响乐章"，与其他现代文明一起谱写着人类文明发展的进行曲。

图7-5　阿拉米罗大桥

阿拉米罗大桥是西班牙建筑师桑地亚哥·卡拉特拉瓦的作品

夜幕中，一把巨大的竖琴明亮耀眼，优雅地横跨在水面上，这就是世界著名的阿拉米罗大桥。大桥的设计创造了一种新的斜拉桥样式，采用半边支撑的拉索结构，利用倾斜桥塔的自重代替以往的后部钢索，形成具有轻盈感的桥梁结构。整座大桥犹如一把竖琴，典雅美观，散发着高雅的神韵。这种独特的设计充分展现了当代建筑的高超技术水平，并强烈体现出建筑技术的结构美

7.1.3.4　设计以秩序构建的理念创造人与物、人与世界的"和谐"关系

设计同时也是一种赋予生活以秩序的行为。秩序是一种和谐，而和谐正是美的事物、美的关系的最基本的属性："和谐是美"。

作为一种赋予生活以秩序的设计活动，工业设计体现了人类更自觉的秩序构建行为。设计不仅通过它的创造性活动创造满足人类所需要的物质性功能，而且通过设计赋予产品以形式的秩序、结构的秩序、人机关系的秩序等。正是设计这种赋予设计对象以高度秩序化的行为，把一个非人的世界组构为有机和谐的人化世界，一个适合人类生活的世界，一个能持续发展的世界。无论是一座城市的规划、一座建筑物的设计，还是生活中的一件用品，不管这些人工物的体量与用途有多么大的差别，都通过秩序的建构而产生物质的使用性、形式的审美性、认知性、象征性与体验性等。

赋予一个产品以秩序，就是以一种理性精神对待设计的要素问题，使之体现和谐的整体感。赋予设计产品和人类生活以秩序，即使在倡导多元化价值观的后现代社会也是同样必要的。多元化的生活类型和民主化的文化价值观，并不排斥理性的文化秩序。在某种意义上说，在一个充满了语义学混乱的设计中，在一个充满了虚假产品、虚假品牌、虚假广告的社会转型期中，更应该从人类理性的高度来对待设计这种人类秩序建构行为。从这个角度讲，尽管现代设计运动追求的简单、明快和理性的设计美学观，在一个经济、文化和价值观

念都发生了巨大变化的后现代文化中，未免有教条和纯粹之嫌，但是他们试图通过设计构建一个更美好、更富有秩序的思想与努力，在今天看来，仍具有巨大的理论与实践的意义。

严格地说，秩序建构只是一种手段，其目的就是要创造一种和谐的关系，使之实现"和谐之美"。工业设计的"和谐"关系的创造分为三个方面：人与人，人与物，人与环境。

（1）人与人的关系

在工业设计视野中，人与人的关系通过设计师的作品——产品予以体现。设计师虽然直接设计的是物，但物要由人来使用，因此，人如何使用产品的方式，以及人在产品的使用过程中的体验和感受，无一不是由设计师事先设计、构思与谋划的。因此，设计师在设计作品中"表达"的人使用物的方式与感受，就是设计师理念中人与人关系的表述。实质上设计师的设计行为在赋予产品以可见的形式的同时，也赋予产品以无形的人与人的关系。工业设计秉持的设计伦理之一，即人与人的和谐关系，就是设计师所必须赋予产品的。这种无形的、人与人的和谐关系的赋予，较之可见的形态审美的赋予，则更为重要。这就是"无形"高于"有形"，"品格"高于"风格"。

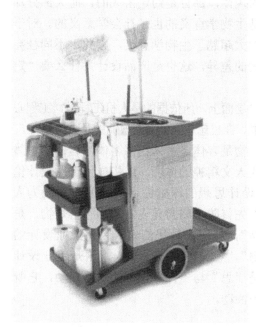

图7-6 "管理人"清扫车

这是体现人与人——即设计师与使用者和谐关系的典型设计作品。这辆被称为"管理人"的清扫车，令人难以置信地将多重功能巧妙地组合在了一起，垃圾箱被置于中间部分，而且将带水分的和干燥的垃圾自动地分成了两块，各个功能的配置也十分合理得体，操作者使用极其方便，当然也使使用者最大限度地提高了清扫效率（本产品获2002美国工业设计奖金奖）

（2）人与物的关系

如果说在产品设计中，人与人的关系有些抽象的话，那么人与物的关系相对直观与易于理解。因为物作为客观的存在，是明确的、可以触摸且可以度量的三维实体，但是这仅仅是在人的生理层面上。也就是说，在人的生理层面上，人与物的关系的研究与设计可以进入到定性且定量的关系。人机工程学就是这样的一门学科。

但是，在人的心理层面上，构建与物的和谐关系，就基本是定性非定量的关系，或者甚至连起码的定性分析的可能都不存在。如色彩的心理学效应，受后天的社会文化影响，人们对同一色彩的不同喜好就反映了这种关系的复杂性即不肯定性，更加非定量性的分析。但是并不是说，人们无法构建起人与物在心理层面上和谐关系。而是说，人们不能也无法（至少是在今天）以对自然科学认知、表达的方式，构建起关于心理和谐的定性定量式的关系准则，只能使用社会科学的方式，通过社会调查与社会统计的方式，最后以一种规律性总结来作为准则，构建起这种和谐关系。

事实上，前面讨论的工业设计的审美方式的创造。符号的认知功能与象征功能的创造，都属于心理层面人与物的和谐关系的范畴。其中产品符号系统的创造，就很能说明这种人与物间的心理关系处理的复杂性。

产品符号系统的编码与解码依据的规律，部分是约定俗成的，而大部分却是来源于心理层面。人的心理反应既是生物学意义的也是社会学意义的。对于一个成年人来说，社会学意义的比例大大超越了生物学意义，因此，不同社会中的人对同一事物的心理反应具有较大的差异，这也是产品设计为什么要"定位"的主要原因之一。

人与物的和谐关系的创造，在方法论层面上，所依据的是人机工程学，工程心理学，与设计符号学等学科的知识与成果。在思想观念上，则遵循的是人文精神。

人与物的和谐关系中，人是主体，物是客体，主体主宰客体，客体为主体服务，这是基本的人本思想，也是现代人文精神的体现。这构成了工业设计伦理学的一个主要内容。可以说，工业设计思想的深刻性很大程度上表现为人与物的和谐关系上。防止人的异化，首先得防止物的异化。当物不再是物，是"役"人的物时，那么人就是"役于物"，就成为异化的人。因此工业设计的"品格"体现之一就是人不能"役于物"，物只能"役于"人。这是工业设计文化创造的主要内容之一。工业设计是"思"与"行"统一的创造活动，它既有着深刻的人文关怀又有着追逐时代的冲动。

（3）人与环境的关系

对于产品设计来说，自然环境是一个不可分割的要素。这不仅是自然环境给设计提供了资源，还因为环境是人类生活、生产一切废弃物的排放的唯一空间。现代工业社会科学文化的片面发展，科学技术发展在提升人的文明水平的同时，也使自然环境成为一个千疮百孔、严重威胁人类生存的居住地。工业设计的人文精神的另一突出体现，就是把环境当作设计活动不可分割的一个重要因素，重建人与环境的和谐关系，实现人类可持续发展的长远目标。

7.1.3.5 设计创造了更合理的生存方式，不断提升人类的生存质量

"创造更合理的生存方式，全面提升生存质量"是工业设计的本质。这表明工业设计的创造活动最根本的指向，也正是人类文化发展的方向。

生活方式包括劳动方式、消费方式、社会与政治生活方式、学习和其他文化生活方式，以及生活交往方式等。生活方式的变化标志着文化的发展。工业设计所创造的"第二文化"，作为人类生存与发展的"第二自然"深刻地影响着人们的生活方式——生活方式的"量"与"质"。

生活方式的"量"，是指人们生活方式的某些外在的方面，通常是生活水平。即主体的物质需要和精神需要在全方位的满足程度，它可以用一定的数量指标来表示。生活方式的"质"，则是生活方式的内容特征，它表明人们生活活动的本质特点，即主体的物质与精神需要在质的方面的满足程度。

设计对生活方式的影响，是通过同时提升人们生活方式的"量"与"质"达到的。

设计提升生活方式的"量"，是指通过设计的中介，把人的技术活动及技术活动的成果，"加工"成能满足人的物质与精神领域各方面需求的形式，以满足人的需要。设计对人类文化的贡献，首先是提出并解决人在生存发展过程中的物质与精神需求的方法。当然，实现这些方法的基础与背景是技术成果。很明显，这一部分的设计，主要表现为解决人的各种要求的方法的多少，即量的问题。

其次，设计对人类文化的贡献，还表现在不断提升解决人的种种需求方式的科学性、情感性上。以更科学、更合理、更富有人情味的方法取代以往存在的解决人的需求的低层次方法。设计正是在这一点上，提升着人生存质量。

生活方式是量与质的统一。生活方式的"质"是以一定的生活方式的"量"为基础，"量"的提高才能促进"质"的变化。设计在"量"的方面与"质"的方面同时发挥着它的文化创造作用，为人类不断提升着生存与发展的水平。

应该指出的是，工业设计的本质涉及的生存方式的"合理性"问题。"合理性"不是以人自身的需求作为合理性的标准，而是在"人—物—环境"系统中进行综合的、全面的、系统的求解，是从人的"类"出发，以"类"的自由而全面发展的目标对生存方式的选择与设计。因此，凡是虽然能满足人的各种物质性与精神性的需求的愿望，但会给环境带来不利影响的，都应该被理性地抑制。

因此，作为生存方式象征的人类消费方式，将是工业设计研究的重点之一。

工业设计的系统论观念，提倡符合人类文化发展方向的适度消费理论与实践，在人的需求与环境的许可之间寻求最佳的处理方式。

工业社会以来，一直把刺激和增加消费作为经济政策的目标。发展巨大的商品市场，鼓励更多的人发展更多的消费，以至形成了工业社会普遍的价值观

念：消费更多的物质与物质产品是一件美德，是一种新的美学意识，并最大程度地满足人的消费欲望。因而形成了高消费社会的特征：为地位消费，为体面消费。因而名牌意识、追逐奢华这种消费文化及模式正成为世界性的示范意识，被中国等广大发展中国家的人们所效仿。香港《远东经济评论》杂志曾指出："长期以来以勤劳的道德观著称的亚洲，现在又多了一个讲奢侈的名声，这使得全世界奢侈品的制造商们不胜欢喜。"

以刺激消费为目的而发展起来的工业设计，在进入 21 世纪以后又不得不义无反顾承担起一个新的历史使命：工业设计必须以人的全面发展目标为导向，以人与环境共生共荣的哲学价值为取向，设计出符合人、符合环境的消费方式与生存方式。从这一点上看，工业设计正进入成熟的发展时期：从局部的人的利益发展为全局的、系统的和谐；从感性的刺激消费发展为理性地抑制物欲；从满足审美的需求发展为实现"全面发展"的努力。工业设计的文化创造在这里得到了极大的证明。

工业设计提倡适度消费。它的口号是"足够就可以了，不必最大、最多、最好。"它以获取基本需要的满足为标准，鼓励人们去体验生活深度的乐趣。

以适度消费为主旨的简朴生活方式，不是人类生活需求的倒退，而是更为理智的人类对过去自己过度消费的反思，重新构建"商品的丰足与精神的享受和乐趣相结合"的一种新的消费文化。这是一种比过度消费的生活更丰富、更舒适、更高级的生活结构，它符合人类可持续发展社会的要求。

近些年来，逐渐形成的生态化设计（亦即绿色设计），是现代人类伦理思想发展的重要体现。现代工业的发展，把人类生存的环境几乎推到了难以维持人类生存的境地。因此，走可持续发展道路，以全人类的共同前途为出发点的生态化设计自然就成为现代工业社会的必然选择。

此外，"有计划的废止制"、"一次性产品设计"、"人为寿命设计"等产生于发达国家的现代设计方法与思想，成为这些国家创造物质财富的重要手法之一。但是，这些财富都是建立在对自然资源的不合理应用及对环境造成巨大污染之上的，就连这些国家的有识之士都将此谴责为"血腥的创造"！因此，理智的现代人类应该本着现代的伦理思想，对这些创造利润的"有效"手法进行公正的审视与严肃的批判。

7.1.3.6 设计赋予有形的产品以无形体验，创造着人的生活与生命的意义

从设计作为一种物化形式的创造活动角度来看，设计首先是一种为人的生活创造物质性需要的"显形文化"活动，是"可见"性质的创造活动，但它又是赋予对象以"无形"的体验，从而让人体会到生活、生命的意义与价值的"隐形文化"创造的活动。

什么是"生活与生命的意义"？在理论上这是一个十分庞大的问题，在设计中，是通过"人对产品的使用"这样一个过程来"证明""人的生活与生命的意义"的。

设计的产品在使用中必将涉及人在产品的使用操作过程的舒适、方便与乐趣等，它们涉及使用过程中人的自由、人格尊重、人的尊严、人的创造性发挥与生命力的证明等重要问题。如操作方式设计得不合理，使人们不得不改变已经形成习惯的行为方式，被迫接受（甚至通过培训这种强制性的方式）新的行为习惯。人们就会产生"被迫"的感受，"被命令"的感受，"被支配"的感受，甚至，将在无法指挥的产品面前束手无策。如此，作为主体的人的尊严、人格、人的地位何在？《宣言》倡导"体会生活的广度与深度"，就是指通过产品的使用，体会人的地位、人的尊严，体现人的创造能力与生命力……

图 7-7　多功能休闲家具

这些貌似坐椅又非坐椅的器具，是根据人的肢体特征与躯体结构设计而成的多功能休闲家具。它可供人体或坐、或靠、或依、或躺、或跪，使人体从单纯的坐姿休闲发展到多种形式的休闲方式，从而使人体各部分肢体与躯体得到放松

人在这一休闲家具的"限制"与许可下所获得的各种不同的休闲方式，扩展并优化了一般坐椅提供的单一的、臀部压力过大的休闲方式，使人获得了新的休闲体验。这无疑是提升了人的生存与生命的意义

人们在使用产品过程中的体验，构成了产品设计中创造的"隐形文化"的主要成分，它开始成为新世纪产品设计的重要发展方向之一。

体验，一般可以看成亲身经历、形成经验的过程，也可被解释为：通过实践来认识周围的事物。在当今经济快速发展的时代，"体验"不再是人类生命基础物质的原始感受，它已经开始发展成为人类生命意义的一部分，而成为现代社会人们的需求。因此，它渗入到经济领域、文化领域，包括整个设计领域，开始形成了一种所谓的"体验经济"。

所谓"体验经济"，正如美国经济学家约瑟夫·派恩和詹姆斯·H·吉尔摩在《体验经济》一文中所言，体验本身代表一种已经存在的、先前并没有被清楚表达出来的经济产出类型，是自20世纪90年代继服务性经济之后的又一全新经济发展阶段。它主要强调商业活动给消费者带来独特的审美体验，越来越多的消费者渴望得到体验，愈来愈多的企业精心设计、销售"体验"。各行各业的企业都将发现，未来的竞争战略就包括"体验"。英特尔公司总裁葛洛夫（Amdrew Grove）在1996年11月一个电脑展的演讲中指出："我们的产业不仅是制造与销售个人电脑，更重要的是传送信息和形象生动的交互式体验。"这些都表明，一个以"体验"为特征的"体验时代"正在诞生。

在"体验经济"的大潮中，体验文化是工业社会和现代都市生活发展进程中的伴生物。人类总是充满幻想，总是善于将梦幻与现实联系起来，并不断地探索新的观念与新的情感的表达方式，提升人类自身的生命质量。因此，产品就成了现代人体验文化的一种载体，工业设计作为这一载体的创造行为，正是这种体验文化的一种表现形式。

在过去，工业设计把精力与目标集中、定位在设计的"结果"上，即作为结果的产品物质性功能的制造，很少意识到在达到使用目的过程中的操作体验给人所带来正面与负面的影响。在情感需求日益强烈的当今，产品的体验设计也成为工业设计的目的之一。

相对于产品经济、商品经济、服务经济和体验经济，产品属性也由自然的向标准化再向定制化以及人性化发展。产品体验设计的出现使设计对象突破了传统物质产品只追求实体建构为最终目的的局限，形成了对使用过程中体验性创造的设计。如耐克公司、迪斯尼主题乐园、主题餐厅等产品的"体验设计"已成为未来产品设计的范本。

7.1.4 设计与人文精神

设计与自然科学、社会科学和人文学科有着密切的关连，但就设计与人的生活、生存及发展的联系而言，设计更具有人文学科的色彩。设计无疑需要技术的支持、方法论的支持与市场的促进，但是，设计最重要的问题却常常超越技术的层面、方法论的层面与艺术的层面等，而与人的生存方式、人的文化及精神活动等密切相关。

一般认为，设计的主要问题归结为技术与造型等问题。因为技术是作为创造物的效用功能与物化产品的手段；造型则赋予创造物以一定的结构形式并使之具备一定的审美价值。这些，对于设计来说无疑都是重要的。但是，有一点必须提出，也是目前普遍忽视的一个问题，即由技术所提供的产品效用功能是否与特定环境中人的生存方式相协调？它在多大程度上满足人的生存与发展需要？……正是这些问题才构成某一个产品之所以存在的唯一理由。因此，在回答："如何创造物的效用功能"（这属于物的功能技术）及"如何制作一个物"（这属于物的制造技术）这两个问题之前。必须首先回答"为什么要创造这一个物"与"制作一个什么样的物"问题。因为，只有对"为什么"、"什么样"等问题的准确回答，才能保证"如何……"问题解答的正确方向。"为什么"、"什么样"问题的解答，是紧紧地围绕着人的特定的文化背景、生存方式、生存模式、生活水平、行为方式及人生命意义等的展开，这构成了产品设计的思想与目的。因此，设计首先与人文学科紧紧相连，离不开人文精神的指导。

7.1.4.1 设计的人文精神概念

所谓人文精神，就是以人为一切价值的出发点，以人的尺度、标准衡量一切的精神。

设计的本质，既非艺术的创造，也非技术的实践。设计在表象上得到设计的结果（如产品），而在设计的本质上则是设计结果（产品）对人需要的回应与满足。作为设计起点时的设计原则——人的需要，与在设计终点时对设计的评价——满足人的需要的程度，其实都使用了一个尺度，即人的需要。由此，设计的本质及目的与人的需要、人文精神紧紧相连。缺失人文精神的设计必定是异化的设计，异化的设计导致设计走向服务于人的反面。因此，以人文精神指导设计、衡量设计与评价设计，称作设计的人文尺度。

设计与生活的直接联系，使人们自然地得出"设计产品就是设计人们的生活与生存方式"的结论。以这一个结论为出发点，对设计意义的认识与设计评价，必然会从物的建构超越为人自身的生活与生存方式的创造。因而，对设计意义的研究实际上就是对人的研究，对物的研究必然是对人的自身特征、人的生存方式与不断发展的需要的研究。所以，产品物化必须首先"人化"。

与人文精神相对应的科学精神，是构成文化的重要方面，特别是在人类文明发展进程中，科学与科学精神，作为人类与自然对话的强大武器与思维观念，把人类的地位提升到空前的高度，使自然被改造得更适合人类的生存。从这一点来说，科学精神和人文精神，都是人类生存与发展的需要。只是当科学的巨大能力在自然"对话"过程中，破坏甚至严重破坏了人类的生存环境、使人的生存与发展发生危机，以及人开始成为技术系统中的一个构成部分、人成为物的附庸，科学开始走向它的初衷的反面时，重新开始关注人文精神，重视人文精神对科学精神的导向，成为这一时代的重要社会特征。

设计的人文精神是设计文化一切以人为本、以人为中心的集中表现。它的内涵就是赋予设计对象以主体属性，即人的属性，亦即"人化"（人性化）。因此，设计的文化就是设计的"人化"。设计的"人化"是设计的基本支点。

从这一点来说，"科技以人为本"并没有什么新颖之处，因为科技的产生与发展本来就是出于人的需求与控制。只是当科技产生其"双刃剑"中异化于人的负面效应时，重申"科技以人为本"，无疑是当今社会重视人文精神与人文价值的理性呐喊。

"人性化设计"不应该只是一句口号，也不应该是设计师外加的一种设计风格与流派，它应该成为设计师创造激情的导火索，是人的造物活动最原始的推动力，是设计实践的最基本的原则与出发点。设计的人文精神并非是由什么人强加于设计的某种外在的性质或特征，而完全是由设计自身的本质和目的所决定的。因此，尊重人、关怀人，一切以人的生命存在与发展为中心，就必然成为设计理论与设计活动的最根本的原则。

"尊重人，关怀人"作为原则，必须渗透在具体的设计实践活动中。对人的尊重与关怀，首先必须对人群（因为产品服务于某一特定的社会群体）进行调查、观察与分析，了解他们的文化背景、生活模式、生活方式、生活水平、生活习惯与行为特征等，才有可能对涉及的产品进行从总体到细节的到位的设计。这种调查与了解，更多地涉及社会、文化的问题。

7.1.4.2 设计中的人文精神体现

设计的人文精神或人文尺度是针对设计对象的整体而言，而不是仅仅局限于设计对象的某个方面，也就是说，设计的人文精神应该渗透到设计对象的整体及任何一个细节。具体地说，它应该包括三大方面：设计对象功能内容的"人化"、操作方式的"人化"与外观形式的"人化"。任何一个方面的"人化"设计都不能说设计已经是"人化"了。

（1）产品形式设计的人文精神

物质性产品的设计都是以某种可触可见的、具体的物质形式出现的，因此任何一个物的设计必定涉及形式。形式存在，即是物质产品的特征，同时也使人在与它的需求关系上，产生了形式审美问题。因此，今天对产品形式审美需要的提出且不断地强化，相比产品短缺时期对产品物质效用功能的单一需要体现了人对产品需求的扩展与提升，自然无疑是巨大的进步。但是，这也容易导致对设计终极目标的模糊：物的外观形式设计满足人的审美需要，是否就等于产品的"人性化"设计？回答显然是否定的。

物的形式满足人的审美需要，这只能说是设计的"人性化"或设计的人文精神、人文尺度的"显尺度"。设计的更重要、更本质的尺度，则体现"隐尺度"，即物被人操作使用时操作方式设计与物质效用功能设计。从表面上看来，设计师设计的最终结果是创造了物的形式，似乎这就是设计创造的全部，但只要把设计的物与人的生存与发展联系起来观察，就可以发现，设计的深层意义体现在产品"规定"的人的生存方式上，而非审美形式与操作方式上。

（2）产品操作方式设计的人文精神

物的操作方式的设计需要人文精神。人的所有活动，构成了人的生存方式，体现出人所有活动的行为方式与式样。设计师的设计，不仅使物具有一定的形式，同时也"规定"了人操作物的方式，这一"规定"实际上是由设计师在设计物的过程中所赋予产品的。产品一经诞生，人使用这个物的方式也就固化在其中了，因而，人使用物的方式是设计师赋予的。而不是使用者自己生成的。

因而，设计师对物的使用方式的设计，并不是一种随便的"赋予"，而必须根据使用者的操作行为特征来设计物的使用方式。使用者的操作行为特征的调查与研究，就是设计的人文精神的一种体现。

（3）产品效用功能技术的选择离不开人文精神的导向

物的物质效用功能内容实现的技术手段的选择离不开人文精神的导向。物质效用功能是产品之所以存在的基本理由，也是设计创造的最初的原动力。物的效用功能内容与人的基本需求之间存在着一定的联系，它直接为人的基本需要服务。如洗衣机净化衣服的效用功能与人的净化衣服的需要相适应。但是物的效用功能内容的产生与创造，全由技术系统提供。不同的技术系统或不同的技术手段能产生相近的物质效用功能，这些技术系统与技术手段的选择，似乎是纯技术和经济成本问题。但是，这种选择，对人、社会、自然产生的最终影响却不得不让人从人文的视野去审视并取舍。因而，设计师在产品设计创意初期，就必须对解决需求的技术系统与技术手段进行人文尺度的衡量并选择，即以人文精神为导向。在这里，可以清楚地看出，设计必须具备人文精神，为设计的构思及设计结果提供人文尺度。如目前传统的用水量较大的洗衣机，已与水资源日趋严重的现况产生极大的矛盾。新洗衣机的创造与研制首先必须在节水、甚至不用水这一约束条件下展开，任何用水量仍然很大的所谓款式新颖的新产品都是没有多大意义的，是缺乏基本人文精神的。

（4）产品效用功能内容与人需求的匹配需要人文精神的指导

物的物质效用功能内容与人的需求间的匹配，需要人文精神的指导。产品物质效用功能内容与不同民族、不同地区人们需求间的匹配，还存在着看似相同但却因涉及生活模式、生活水平、文化背景不同而可能产生的巨大差异。全球范围内不同国家、不同民族的差异，一个国家中不同区域、省市的差异，一个省市中县、市、村间、城市与农村间等的差异，都使抽象的"人"这个概念变得具体。这些具有不同生存方式差异的"人"是无法被一个抽象的"人"所包容。因而，他们差异化的需求，与同一种产品提供的效用功能，绝难完全一致。其结果，要么是一部分人被迫改变自己的生活方式去迁就产品，要么放弃使用这一产品而保留自己的生存方式。实际生活中这样的例子是很普遍的，许多产品虽然有用，但用得并不舒适，并不完全实用而长时间被搁置在一边，但倒很少有某些人群为了适应产品的功能而强迫自己改变生活方式的案例。因此，设计的最深刻的意义就在于，设计必须满足不同国家、区域、民族、地区等不同文化背景、不同生活模式的人们的具体生存需求。只有这样，设计才有生命，设计才具有真正的意义。设计的使命不像自然科学那样去寻求一种绝对真理，即一个唯一正确的结果。设计结果的寻求存在着若干个甚至许多个相对真理：甲是好的，乙是好的，丙也是好的。但他们适应的民族、地区不一样。因此，设计的本质不在设计的结果呈现出何种形式与风格，是否满足了人的某种审美需求，而在于设计提供的效用功能内容、操作方式与不同社会群体的生存方式是否紧密结合而产生高度的和谐。这才是设计的灵魂——设计的人文精神与设计的人文尺度。

7.2 工业设计与社会

严格地说，现代设计至少具有两方面的特征。一是设计与现代社会的大工业生产密切相关，或者说，现代设计的产生离不开工业社会的大工业生产的前提基础；二是设计为社会大众服务，力图改善社会大众的生存状态，提升生存质量。后者，体现了工业设计广泛的社会意义：它不再是为手工业时代权贵与帝皇们处心积虑地提供生活与把玩用品的设计观念与活动，而发展成为社会大众提供必需品的社会行为。因此，现代设计的社会性是不容置疑的。

王受之先生在《世界现代设计史》中区分了旧式设计（即手工艺设计）与现代设计的性质："如果这个'人'只是指少数权贵，那就是旧式的设计活动。人类近 5000 年的设计文明史其实是一部为权贵的设计史。一旦设计满足的对象是大众，即开始有现代的意味了。"

源于大工业生产方式、着眼服务于社会公众的工业设计，其自身无疑也是一种社会行为。现代设计虽说由个体或小群体的设计团队完成，但从总体上来说，它是人们在一定的社会环境中由一定的社会意识支配进行的社会实践活动。从设计接受者看，设计确实是由个体消费者接受，但个体消费者的集合却可以形成社会中的某一群体。反过来，这一群体之所以都分别购买消费了这一产品，是因为他们在某种社会学意义上具有类似性。因此，设计不是设计师个人爱好的表达，而是社会群体共同需求的反映。设计的社会学意义正在于此。

7.2.1 设计——为社会公众的设计

现代设计与传统设计的本质区别在于服务对象的差异，即公众的还是权贵的，而不是表象上的服务对象的人数多寡。

之所以强调设计的服务对象，是因为正是在这一点上，体现出现代设计的根本目的与方向。设计以满足社会公众的需要为目的，同时又以他们的"尺度"来检验设计的优劣。在这里，社会大众的广义解释是指社会所有成员。但是由于社会成员彼此间存在着太多的差异性，因此，某一种设计满足社会需要的社会成员仅仅社会成员中的一部份，亦即社会中的某一群体。所以这里所指的社会公众，在严格意义上仅仅是指社会群体。

设计的社会公众对象蕴含着设计的几个本质特征：

（1）设计目标的社会性

以社会公众的需要提炼出的设计目标构成了设计的功能内容、设计的时尚特征与设计发展趋向，都建立在社会公众的需求基础之上，从而使设计目标体现出广泛的社会性。

（2）设计交流与设计评价的社会性

设计的结果必然进入社会。设计师、制造商、经营者、广告商，他们不仅是设计成果社会化的参与者，同时也是设计成果的消费者，这就使设计的交流具有广泛的社会性。

7.2.2　社会对设计的影响

严格地说，社会是作为设计的环境对设计施加各方面的约束与影响。社会环境意指社会的背景文化与社会土壤。因此可以说，设计不是设计师的设计，而是社会的设计。

社会是一个极其复杂而又动态变化着的综合体。首先，社会是人们交互作用的产物，这些交互作用体现为经济关系、政治关系、文化关系、军事关系、宗教关系、伦理关系、教育关系与民俗关系等形态；其次，社会存在人口构成、历史文脉、文明程度与科技水平等构成要素。这些关系形态与构成要素无不随着时代变迁而变化着、发展着，这就使得社会这个综合体的结构分析与发展分析有着极其复杂的因素。

（1）社会是设计产生的外部条件

社会生活方式，生产关系和社会文化等以及它们产生的变化，都促使社会产生特定的需要及其需要的变化，从而使相关的设计应运而生。

有趣而又色彩丰富的"温柔熨斗"与"电桶"都是日本松下电器有限公司生产的家居用品之一（图7-8），它为熨衣、洗衣过程的欢乐和趣味性需求提供了可能。前者的外观，材料和颜色的设计都是为了创造更为悠闲的烫熨衣服过程体贴舒适的方式。温柔熨斗使用了有许多小孔的聚氨酯和尼龙作为底部，蒸汽能够通过这些小孔到达衣服底部，创造出高效的压力熨烫效果。这件产品最独特的地方在于它的外观造型，为用户传递出一种人性化的、轻松快活的精致触感。

图 7-8　松下 "温柔" 熨斗与 "电桶" 洗衣机

　　"电桶"是一种设计巧妙的小型洗衣机，专门针对日本小家电市场，特别是适合于居住空间狭窄的城市公寓里或者旅行时使用通过分离电动机和盛装衣服的容器部分，松下电器设计出这样一种简单易用真正满足洗衣机微型化要求的产品。它的桶可独立购买，并且当洗衣完成后可换下来，对于清洗少量衣服或者是有特殊洗衣要求，不能与大量衣服混在一起洗的衣物时使用这个产品是不错的选择。竖立式、节省空间的造型布局很适合摆放在小空间的厨房或者旅馆房间里。

（2）社会为设计提供动力、原料和技术

　　设计需要信息、知识、物资、材料与人力等，它们都存在于一定历史时代的社会环境中，它们不可能与一定的社会环境相脱离而孤立存在。如技术水平，就不能脱离社会环境而存在。因为作为社会文化构成的要素之一，技术的发展与水平始终是与一定的社会文化背景相适应。相应的产品设计与社会对该产品需求的发展密切相关。数码相机、摄像机、笔记本电脑等产品及其设计，都与现代社会大众对数码技术的认知，对数码产品需求（这种需求不管是工作需求，还是休闲需求、娱乐需求），以及对消费高档产品的经济能力的提升紧密相连。后者构成了前者的最原始的推动力。如 20 世纪 30 年代以后出现并在二战得到发展的大跨度建筑，就是出于当时欧美建造大型展览馆、体育馆、飞机库等的需求而产生的。当然也是因当时技术手段的保障而得以成功实现。技术手段的保障包括高强度钢材和混凝土、合金钢、特种玻璃等材料与薄壳和折板、悬索结构、网架结构、张力结构与充气结构等技术。

（3）社会对设计师的智力结构、思维模式、设计观念和设计方式与手段起着支配作用

设计师既是自然的人，更是社会的人。即使体现出强烈个性的设计师，其个性也只是其作为社会的人的特性的一个细节，他的"个性"，也是社会生活在他身上的某种折射与反映。以个性形式表现的设计师的意识活动在很大程度上取决于一定时代历史条件下社会生活和社会意识。社会、文化、习俗与伦理等制约着设计师的心态与行为。他们的个性体现反映出社会的共性特征。

（4）社会制约着产品的功能、性质与形态

一个产品不同于另一个产品的根本属性是产品的功能差异，即产品应达到功能目的或功能效用，而产品的功能则取决于社会的需要。一定社会历史时代中的社会生存方式决定着社会的需求，这需求包括着为满足这一时代中以特定生存方式活动的人产生的各个方面的具体需求：如学习、工作、交流、休闲、审美、交通、饮食与居住等。这些需求以个人的具体需求体现出来，但却又在众多的个体需求中体现出共性的特征。设计活动开始的一个主要任务就是在个性需求中归纳，筛选出共性需求，作为设计追求的目标。因此，设计强调的人性化追随的人，不是具体的人。设计不可能（至少在目前）为某个个体设计生产一个产品，只能集合多数个体的人的共性，以此作为设计目标。因此，设计的人性化不是个人化，是这一个社会群体区别于另一个社会群体需求特征的共性化。社会环境使得社会公众对具备某一功能的产品产生共性的需求。因此，设计目标的确立，依据的是公众的"人"，群体的"人"，即社会的"人"，而非自然意义上的具体的人。

（5）社会决定着消费者接受设计的观念与方式

社会公众也就是社会的设计受众，始终处于与社会的互动之中。也就是说，社会的发展与变化将导致设计受众在设计接受方面的兴趣、观念的变化，从而也决定着设计的取向。从这一点来说。无论是设计者还是设计受众，都受社会环境的影响，在一定程度上，表现出观念与思想的相似性。冰箱、洗衣机、微波炉等在现代社会中被广泛接受，是因为社会工作压力增强，生活节奏加快，以及个人对自己余暇时间的重视。现代人们了解信息的方式正在从纸面信息媒介逐步转移到网络媒介。这是现代社会逐步建立在数字化技术上的必然结果。

（6）社会引导着设计标准与设计评价体系的建立与变化

设计标准与设计的评价体系的确立历来不是由哪位大师决定的。设计史很清晰地表明了这一点。当然也可以在设计史中找到这样的情况：即某位设计大师的设计作品开创了一代设计风格，甚至开创了一场设计运动。实际上，是社

会在特定历史条件下，特定的社会文化特征被设计大师所感悟而被捕捉，因而产生由个人引发的思潮、运动等特殊现象。不能排除历史上伟大的设计师对社会设计文化发展所作的推动与贡献，但究其原因，只能说明他顺应了社会发展的需求而取得了成功。

当技术的发展不断挤压着人类的生存空间与精神空间时，在产品设计中对人性的呼唤就成为设计界的统一口号。如果说今天的"科技以人为本"成为某公司的形象宣传口号，倒不如说，这原本就应该是任何企业在产品设计与制造中所首先必须明确的认知。人们一味顾及效率而不顾及环境时，严重的生态危机不得不成为全球关注的对象，因此绿色设计、生态设计的概念及其评价体系在全球范围被广泛接受。

当然，设计标准与评价体系是随着时代的发展而不断地变化，但不管其如何发展，以人为本、以人的健康发展为目标，将是一个不变的主题。

7.2.3 设计的社会功能

设计的社会功能，就是设计对社会的影响与作用。

设计始终受发展着的社会的推动与制约，同时，设计又影响着社会的发展，体现出设计的强大社会功能。

设计影响社会的发展，是通过这样的基本原理达到的：渗透到社会生活中的每一个方面的设计，同时参与并构成了社会生活。以社会全体成员为服务对象的设计，在满足社会公众多种需求的同时，作用并影响着社会公众，对社会产生了各种各样的作用。

（1）设计的改造作用

设计对社会的改造功能不仅体现在物质生活领域，也体现在精神生活领域。

人类社会的"设计—制造—流通—消费"这一系统的形成与发展，成为现代社会文明的表现，也是设计改造社会的表现方式。设计对象的构成，从城市建筑到汽车、家具、服饰这些广义的设计，直接进入人类生活，成为社会生活中不可或缺的一部分。至于现代家电与IT产品，更是成为社会生活中宠儿，不仅改变着人们的生活方式，也改变着思维方式，情感方式与评价方式，推动社会的进步。

把设计本质界定于设计人的"更合理的生存方式，提升人的生存质量"，就是强调设计的改造功能。改造旧有不合理、不科学、不利于提升人的生存质量的生活方式，创建新的、更合理、更科学、有利于推动人的生存质量的生存方式。

人的求异、求美、求发展的需求，使得设计在空前广泛的范围内在物质领域与非物质领域展开它的创造性活动，以各种富有创造性的设计产品回应社会的需求。因此，社会的需求刺激着设计的发展，而发展着的设计反过来改造、提升着社会的文明。使用着什么样的设计产品，在某种意义上标志着处于何种品质的生存方式中。设计就是这样把自己与社会的进步紧紧结合在一起。

设计反映着社会的同时，社会也反映着设计。汽车反映着一个国家一个民族的科技水平、审美情趣与购买能力等的同时，社会也反映着设计对它的影响。汽车这一人类划时代的设计作品，自它问世的那天开始，就开始它改造社会的伟大进程：由于汽车的出现并迅速社会化，城市规划、建筑设计、高速公路、餐饮、电影、购物、学习、休闲、娱乐、交流、居住方式等物质生活方式与精神生活方式，无不与汽车的出现与社会化密切相关。它不仅仅改变人的物质生活方式，也改变精神上的审美方式，甚至价值评价的标准。在"汽车"一词后缀以"文化"，使之成为"汽车文化"，就使一个物在社会中存在的意义扩张为社会文化的宏观景观。网络文化的出现，现在已经表现出、将来还将进一步表现出比汽车文化更具影响力的、设计改造社会的典型事例。网络文化对人类的生存方式、对社会的影响比汽车更强大，范围更宽广，它不仅仅涉及有形的社会生活，更涉及社会的深处：社会的人性与精神取向。

（2）设计的认知功能

设计被社会公众所接受，从而达到最终的目的——满足社会公众的需求。在这一过程中，实际上包含着另一个过程与结果，即社会公众对设计的认知过程并导致认可的结果。

从表象上看，设计提供了一种产品，通过产品的使用过程及使用后满足了社会公众某一特定的需求，从而实现了设计的目的。但是在一个隐蔽的意义上，设计的被接纳，必须基于社会大众对设计的认识与理解，即认知。缺乏这种认知，设计就无法被接纳。

从传播学的角度研究设计，设计师的设计过程是一个信息编码过程。他将产品的结构、材料、功能内容、操作方式、价值等通过形态、色彩、材料肌理这些设计要素构成符号。从而使一个具体产品各种可感知的要素都成为负载着信息内容的符号进入人们的视野。一个产品设计，不仅包含产品自身的信息内容，如功能内容、结构形式、材料种类、操作方式等，还包含着设计对科技与审美价值的领悟与表达，对价值标准、社会文化等观念的表达。这些不仅有待于社会大众的认知，也在某种意义上影响社会大众，促进大众对设计所包含着的这些信息进行解读，提高社会大众对设计的理解。

（3）设计的交流功能

设计的交流功能也称之为设计的沟通功能。

从产品设计开始，到产品消费，通过产品功能需求的满足，概念的社会需求目的物质化与现实化、形式审美的抽象化与象征化，理性价值观念的感性化，社会大众由于共同需求而被结合在一起，在一定的时空环境中，传递公众乃至人类的共同的需要、欲念、兴趣、感情和生活体验，促使人们更多地交流、沟通与亲近。

在"设计—制造—流通—消费"这一系统过程中，设计师与设计师、设计师与设计管理者、设计师与制造商、设计师与销售商产生了广泛的接触与交流；同时，制造商与制造商、销售商与销售商、消费者与消费者之间也由于设计的产品被联结在一起，沟通需求、沟通感受、沟通信息等。特别指出的是，由于大工业生产的特点，同一产品的同品质、同价格、相同的使用方式等，使得不同阶层的社会群体相互增加着它的平等意识，增强着它们彼此间的感情沟通，交流着它们之间的价值观与文化观。

设计交流功能的实现，是在于产品设计拥有自己的信息交流符号体系及其规律。

要使设计实现交流的功能，必须使用能有机结合产品功能内容、产品形式与产品设计意蕴的特有语言。这一语言必须让设计师与社会公众（包括消费者）都能作共同的解读。

可喜的是，设计师已经探索到、并在不断提升这种设计语言的表达能力。显然这一"语言"并非如一般数理语言、自然语言一样理性与单纯，而具有模糊性与多义性。但在另一面，设计"语言"在交流中，也在不断沟通着设计方与解读方对设计语义的理解，也在不断提升着设计方与解读方对设计语言的抽象性、象征性认知，从而提升着双方把握与使用设计语言的能力与水平。

（4）设计的教育功能

设计可从多方面对设计公众起"说服"、"教育"与"启蒙"的作用。

设计教育对社会公众的教育作用包括基本的文化科学知识教育，创造性思维培养教育，价值观教育，道德与伦理教育等，从而提升社会公众的素养与修养，完善人格个性，净化心灵，提升创造能力和文明水平。日本设计学家黑川雅之等人认为，"设计的概念是21世纪最重要的概念之一"，而"新商品的出现，不仅常常会为社会大众注入新的思想，而且也往往被认为是改变了世界的重大事件"❶。

设计产品的教育功能，通过设计师有意识地在产品设计时"注入"生活方式、生活态度与价值取向等，通过大批量的数以万计的个体的"复制"，使社会大众在不知不觉的使用、观看、触摸以及商品说明与广告宣传中，被潜移默化而受到教育。

7.2.4　设计与社会的互动

社会对设计施加着约束与影响，另一方面，设计又以反作用的形式对社会施加着影响。这实际上是设计与社会相互影响的互动关系。

---

❶ [日]黑川雅之等. 世界设计体验——设计的未来考古学. 王超鹰译. 上海：上海人民美术出版社，2003：208.

设计作为现代社会中极其普遍而极其重要的社会现象与社会行为，与社会因素如科技、经济、审美方式、价值观念等存在着错综复杂的关系。设计在它们的影响制约下前进的同时，又以自己的成果影响着社会这一个综合体，改变着社会的存在方式。在这里，实际上已接触到这样一个貌似矛盾的问题：设计既然是在社会的影响与约束下完成的，又何以使自己的成果影响着社会、并改变着社会的生存方式？

设计作为一个结果，对社会产生影响，并改造社会的生存方式，必然包含着一些不同于原有社会因素的新的因素，否则就无法对原有的社会产生影响，甚至改变社会的生存方式。但是，设计作为社会种种因素影响与约束下的结果，为何能包含着一些新的因素？

在宏观的意义上，人们的设计行为是在社会因素的约束与影响下展开的。无论是科学原理、材料、结构、经济、审美意识与价值观念等，都成为人们设计行为的起点。所谓"约束与影响"，就是前提的条件、先行的观念等形成的物质与精神的环境，人们无不在这一特定的物质与精神的环境下展开设计活动。但是，时代的发展，科技的进步与意识观念的转变，使设计所依赖的物质、精神环境中的某些微观要素上出现了变化。如科学原理的突破，力学原理的发展，材料性能的改变，审美意识的变幻等。这其中的某一要素有了变化，设计就会在设计目的的导向下，毫不迟疑地在原有基础上进行突破而导致新产品的诞生。当然，这一种突破，有着量与质的差异，但凡是突破，都称之为设计创造。

当具有某种程度创造的设计结果反过来服务于人们时，新设计中的忠实反映着原有社会因素影响的设计构成要素，依然十分和谐地回应着社会中相关因素，称这些要素为传统。对有着某种程度上新的创造因素，则因为不是原有社会因素约束下的产物，于是对社会产生了刺激与影响。

设计这一部分反作用力量，如果严重不符合社会因素特征而为社会所不容，那么，这一设计就会遭到社会抛弃而失败。另一个结果是，当这一反作用被社会所接受，或者开始被小部分人、然后又被更多的人所接受，这就说明社会接纳了设计，与此同时，设计就开始对社会产生影响。这一种影响依设计时的突破点的性质与内容而有大小的差异。原理性的突破，材料的突破等可导致产品成本，或提高了产品效率，或提升生活效率；形式的突破可以导致审美意识的变化，使用方式的突破可导致生活方式的改变等。

如果当一个新的设计成功进入社会，被社会广泛接纳，同时，新设计又与人的生存方式有着太多联系的话，那么，这个设计或者说这一个产品对社会的作用就不仅是局部意义。汽车的设计与普及对人生存方式、对社会的发展影响就形象地说明这一点。

上述的论述说明了设计与社会的相互推动、相互促进这一动态过程的基本原理，其中设计的创造性是设计推动社会前进的内核。

设计的创造，如果说这只是设计师的创造，倒不如说是公众的创造。而公众的创造就是设计的社会属性。设计师的创造也是基于社会公众的创造。社会的每一个成员，以他们各自的方式，如设计、生产、销售、宣传、使用、评价、合作、管理等，参与到设计行动中，不同程度地表现出独创性。设计师的创造性在于对社会的观察与分析，筛选出富有创造性的设计构成因素，把它们整合进设计。因此，没有一种社会行为像设计那样广泛而又始终不断地融合进社会公众的物质生活和精神生活的每一个角落。

社会与设计的互动关系，主要体现在设计——制造与社会消费的互动上，并由此展开更大范围的互动。

设计是现实社会生活的反映，同时又构成、改变着社会生活。设计总是在总体上与社会发展同步，但在局部又可能体现出与社会生活的一段距离。这"一段距离"有的是有意识的，有的则是由于种种因素的影响，而"不得已而为之"。前者常体现为有个性的设计师的超前性设计，这种超前性往往体现在或是形态创造的超前性，引发起一种新的、独特的审美趣味；或是功能的超前性，引领社会一种新的生活方式。

设计与社会的互动，往往涉及设计的道德或伦理问题。社会道德与社会伦理是社会学中的一个重要概念。设计既是一种社会行为，同时又影响着社会生活，因此，它不可避免地与社会道德与伦理密切相关。关于这一点，前面已有所论述，此处不再重复。

7.2.5 设计的国际对话

今天，全球范围内的经济、文化、技术的交流日益频繁，信息革命、知识经济、电视、互联网、移动通信、可视电话、笔记本电脑、数字技术……让人眼花缭乱而应接不暇。高科技发明和经济奇迹，技术的均质化，使得地球似乎变成了一个村庄，"地球村"一词处处可见。南极与北极的关系似乎就像住在村东头的老张与住在村西头的老李5分钟就能打个来回……

"地球村"的概念在经济学、技术学范畴中，似乎有着一定的合理性，但在文化学，至少在设计文化学范畴中"地球村"的概念、"全球化"的概念、"一体化"的概念等，却容易使人产生设计概念上的本质性错误。因此，至少在设计学范畴中，提倡"国际对话"比"全球化"更具有本质的积极意义。

实际上，"全球化"是一个有着复杂含义的概念，更不用说"一体化"。"经济一体化"、"跨国公司"、"全球定制策略"等字眼引诱着人们产生所谓"全球化"概念，但事实上，有更多的学者都否认这种真正"全球化"概念的存在与产生。在设计领域，由于更多涉及文化的问题，在"设计"一词前加上"全球化"、"一体化"，在某种意义上误导着人们对设计本质的认知。

近年来设计界的跨国合作，跨国承接设计项目，无论是这种跨国设计的组织形式，还是设计过程乃至设计结果，更多地显示出设计的国际对话而非"全球化"。在设计界承认国际对话、强调国际对话，不是对一种字眼的选择，而是出于对设计本质意义的坚持，出于对文化含义的正确解读。

　　尽管文化的意义有几百种之多，但"文化是一个民族的全部的生存方式"的结论却能够被人们广泛接受。"文化全球化"意味着在诺大一个地球上，各个国家、民族、地区，以一种"生存方式"生存。显然这是一个令任何稍有文化常识的人难以接受的结论。设计的本质是"创造一种更合理生存方式"，全球的生存方式无法统一，那么，设计"全球化"更是子虚乌有。日本著名设计学家黑川雅之就声称："比全球化观点更重要的是对本土文化的重视"。

　　强调设计的国际对话，实质上是在尊重不同国家、地区、民族文化个性的自主性和相对独立性的基础上，倡导它们之间平等意义上的相互关系、交流与沟通。

　　因此，在今天乃至将来的设计界，"设计本土化"将是一个永恒的字眼。因为"设计本土化"反映了设计的本质，"设计全球化"则违背了设计的本质，虽然我们还很少看到设计界内著述中的"设计全球化"的肯定言论，但设计界中却弥漫这模糊不清的"全球化设计"观念，这对中国的设计界来说，却是必须认真对待的一个问题。

　　就设计本质来说，"设计本土化"是正确的，但就设计的非本质，即设计方法论而言，设计确实也有着"设计全球化"的趋向与可能。设计组织的国际化，跨国的设计联盟、设计公司，跨国的设计项目，以及设计资源共享的国际化，随着地球上人类生存环境的不断恶化，资源的日益缺乏……这些世界性的、全球性的、共同性的设计前提摆在了各国设计师面前，使得全球设计师不得不面对许多共同性的全球化问题，这就要求不同国家设计师采取共同一致的努力，遏止、缓和乃至改变这些恶化与变化。在这一个意义上，"全球化"对于设计界来说，是客观存在的。因此，这个"全球化"概念，对于设计来说，仅仅是在设计方法论与设计的宏观环境意义上存在。在设计的中观与微观环境中，则由于各个国家、地区与民族的生存方式差异性的存在，设计过程与设计结果必将体现出强烈的本土化色彩。设计在宏观意义上为全人类的生存与发展服务，在中观与微观意义上，其本质则是为某一特定国家、民族、地区的人们，创造与他们的生存方式相适应甚至更合理的生存方式。在设计中，绝对不存在能为各个国家、各个不同地区、民族都能提供最优服务的、通用化的、全球化的产品设计。

　　从文化的角度来看，世界各种文化也有强弱之分。随着国际交流的发展，强势文化向弱势文化的侵入是一个不争存在的事实。设计文化也是如此。经济、科技与设计文化优势的发达国家利用自己优越的文化话语权，把自己的价值观念推向全世界。欧美的家具样式、巴黎的时装，法国的化妆品，日本的汽车与家用电器正向弱势的文化群体侵入。因此，在理论上，坚持设计国际对话而不是臣服于西方文化，坚持设计的本土原则，而不是审美奴化，是中国设计界认知当今世界设计文化的起点。中国的设计界要有一种文化自觉意识、文化自尊态度和文化自强精神，树立起中国设计文化的自信心，以文化的自信与文化的平等之心对待世界上一切文化与设计文化，逐步建立起健康的、具有强大生命力的中国设计文化。

因此，设计师必须坚持两个视野，国际视野与民族视野。国际视野就是要关注世界工业设计理论与实践的发展，以此作为民族工业设计的营养与参考。民族视野就是着眼于本土，立足于本土，熟悉并理解本国工业设计的现况、文化与社会生活，以及它与设计发展相关的要素，来决定设计与发展的方向、设计发展的道路与设计发展方法。

中国的现代化发展与发达国家不仅有着程度上的极大差异，而且还有着很大的"时间差"，并没有发展到与发达国家同步发展的程度。工业设计也是如此。必须以此作为出发点来思考中国工业设计发展的阶段性问题。

7.3 工业设计批评

7.3.1 工业设计批评的概念

工业设计批评（以下简称设计批评），是指对以产品设计为中心的一切设计现象、设计问题与设计师所做的理智的分析、思考、评价和总结，并通过口头、书面方式表达出来，着重解读设计产品的各种价值并指出其高下优劣的设计活动。

批评，是批注、评价、评论、评议等意思。在原先的词性上，应该是中性的，是对一种现象、一个事物、甚至是一个人的评议和评价。因此，它可以是肯定、甚至提倡，也可以是否定、甚至反对，或者两者兼而有之。就像文学批评、艺术批评与电影批评等一样。但是由于几十年国内极左政治生活的干扰，"批评"在社会生活中渐渐转变成贬义的词性，成为人们对否定的、错误的、反对的事物的一种表述态度，从而使人们感受到凡是批评的对象与事物都是必须予以否定与反对的。在本节，"批评"一词恢复其中性词性，即"批评"一词与"评论"的意义是一样的。如果有与通常理解的"批评"含义相混淆的地方则使用"评论"、"评价"等字样。

可以这样说，整个工业设计史上的理论争论就是一部设计批评史。无论是现代主义还是后现代主义，都是在不断的批评中完成理论构建与风格更替，完成了这个主义的出台与那个主义的退却……因此，设计批评是伴随着设计学科与设计行业的不断发展而前进的。

随着我国经济的快速发展，我国的设计事业也正在蓬勃的发展，愈来愈显示出它无可替代的优势。设计教育事业在全国范围内以空前的速度发展着。相信在本世纪里，人们的生存观念、价值取向、审美情趣都将发生更大的变化，信息时代带来的科学技术的革命、新的文化观念，也必然导致设计理念的变化。

然而，面对近些年来涌现在人们面前的形形色色的设计作品，在感叹我国设计学科与设计行业迅猛发展的同时，不得不承认一个事实：在这些铺天盖地的设计作品中，不乏劣质的设计和不尽如人意的创意，相当多的设计作品表现出明显的败笔。但似乎听到的更多的是赞美声，却没有对其进行应有的、客观的批评和正确的指导，应当说，这是一种很不正常的状况。因此，提倡设计批评、加强设计批评已成为当务之急。

设计批评的展开是设计文化存在与发展的标志之一，也是设计健康发展的保证，但是由于我国实行市场经济的历史并不长，且自主设计的历史短，甚至还有相当比例的产品尚未真正进入我国企业在品牌意识指导下的自主设计阶段。因此，工业产品的设计批评，从真正意义上只能说尚未开始或者刚开始（近年来各种各样的设计竞赛也属设计批评的范畴）。

建筑设计，作为学科建立比工业设计（产品设计）早、理论建构也较工业设计远为完善的学科，其建筑设计评论的状况也一直以来受到业内业外人士的批评，甚至有专家批评近些年的建筑业为"有业无学"。在这里提出这一点并不是评论建筑设计与建筑业的发展状况，而是想说明这么一点：作为工业设计学的理论主要来源之一的建筑设计况且如此，那么工业设计就更不容乐观了。

创造可以促进人类历史的发展，批评也是推动历史前进的动力。认识到这一点，就会理解设计批评的真正价值。它将对今天和未来产生积极的影响。在设计领域，设计批评应当成为一个重要的环节和一种有力的武器，引导着设计的方向。

设计批评作为设计发展不可或缺的要素，是在一定的设计理论指导下，对设计作品和设计文化现象进行深入细致的分析，并作出理论上的探讨和总结。

19世纪英国学者约翰·罗斯金针对工业革命给工业产品造成的不良影响，提出设计艺术应当回归到自然中去，并对中世纪的哥特式设计艺术倍加赞赏。罗斯金的这一思想直接影响了19世纪后半期英国的威廉·莫里斯和他所倡导的"艺术手工艺运动"。此后，历次设计运动的形成和发展，任何一种设计风格的诞生与流行，都离不开当时的一些艺术批评家和理论家。

但在中国，由于长期以来在意识形态和经济发展方面的制约，始终未能形成设计运动，更谈不上远见卓识的设计批评家。这不仅阻碍了我国设计学科的正常发展，而且影响了设计文化的发展和设计文明的进程。

设计批评的重要作用是帮助树立、强化正确的设计观念，不断培育和提高决策者、设计师以及广大受众的鉴赏水平。实际上，任何一件设计作品的问世，都倾注着设计师的个人的理念、思想和情感，同时又存在着感性与理性的平衡与统一。因此，设计方案或作品的创意内涵和价值取向并非立即就能领悟和把握，这就需要设计批评来发现和评价，指导和帮助广大受众和消费者进行设计作品的鉴赏和审美。

可以这么说，设计批评实质上是一门揭示设计作品优劣成败的学问，设计批评家则应成为设计师和广大受众在设计接受上的成长、要求和介入设计创意的一个最为理想的阐释者和中介，在这里，批评家扮演的是一个举足轻重的角色。因此，缺乏设计批评的工业设计不可能具有正确的价值取向。

一个真正的设计批评家应具有高度的设计理论涵养和判断力，对设计方案（作品）进行科学、全面、深入的分析和研究，能够从人们未曾关注的角度发现设计的价值，能够为更正确、更深刻地理解设计方案的内涵和意义，提供有益的指导和富有价值的启示。

与此同时，设计批评是促进设计发展的重要方式。展开设计批评，就是要通过对设计作品的评价，形成对设计创意的反馈。设计师需要广大受众和批评家的帮助，才能够深刻地认识自我，不断地提高自我，以至超越自我。优秀的设计批评还能够集中反应时代的需求和广大受众在物质和精神上的需求，充分发挥设计中的信息反馈和调节作用，推动设计沿着理想而实际的道路发展。

另外，展开设计批评可以丰富和发展设计理论，推动设计文化的繁荣发展。一般认为，设计批评的主要任务是对设计方案和作品进行分析、评价，同时也包括对各种设计现象、设计思潮、设计潮流与设计风格的考察和探讨。一方面，设计批评必须以一定的设计理论作为指导，并利用设计史提供的研究成果；另一方面，设计批评还要通过分析设计方案和作品，发现新问题，总结新经验，从而不断丰富和发展设计理论和设计史的研究成果，使设计理论和设计史从现实的设计实践中不断获取新资料和素材。应当认识到，设计批评在设计构想与设计过程中发挥着十分重要的作用。

设计批评运用一定的哲学、文化学、设计学、美学等理论，对设计作品和现象进行分析研究，并做出判断与评价，为决策者、设计师和消费者提供有理论性、系统性的知识。由于设计批评是一种偏重于理性分析的科学活动，它同设计审美既有关联，又有区别。一般认为，设计审美偏重于感性，设计评论偏重于理性；设计审美具有更多的主观性的特征，设计批评需要符合客观规律性。因此，审美可以不含有批评的意味，但批评却必然是经历过审美这个阶段才能进行。只有通过批评才能充分认识设计的本质，才能对设计有正确的批评。设计批评的这种科学性的特征，使得它必然要从社会科学和自然科学的等学科中汲取思想、观念、理论和方法，以加强设计批评的合理性和权威性。

7.3.2　设计批评的实质与标准

批评，是一种评价行为，从根本上讲，批评是一种价值判断活动。

设计的批评，或者说评价，从理论上看，是对设计的"好与坏"、"美与丑"、"设计应当怎样"之类的问题的判断与解答。但就实质而言，设计批评的形式与含义却要广泛和深入得多。

事实上，最大量的设计批评是在日常生活中时时发生并不知不觉中进行的。对于人的生活而言，设计应当作为一个整体的概念被理解为容纳这种生活的一种人造环境，或者一个生活的大舞台。在此环境或者"舞台"中的人类生活是一个由大量不断发展的事件所构成的丰富多彩的综合景象，它受到许多因素、条件的影响，而设计环境就是其中一个最为重要的因素。它在最大程度上影响、制约着人们生活的质量和方式。人在自己所创造的人为环境所允许的范围内生活，为自己的行为方式做出这样那样的选择，而每一个选择都必然包含着一种批评和评价的态度。比如人们是否按照设计师预先的构想那样，在一天中的什么时间、用什么方式使用一个产品，用右手还是左手以及哪些指头去控制等，这就不仅取决于这种构想本身是否合理，也不只是看物化后的产品能否达到构想的要求，更重要的还在于使用者是否认同这种构想，是否在生活中与他的生活习俗与行为方式相和谐，这就涉及价值评判。这种评价基于人的内在需求，也必然反应人的内在需求，从而成为设计活动的基本准则与依据。

因此，设计批评与设计创造在本质上是相同的，即它们都是受同一设计价值观的制约。没有正确的价值观念和价值取向，就不会有正确的批评原则，当然也不可能有正确的设计观念。位于产品生产源头的设计创造的观念与产品作为商品进入使用后的设计批评，如果不是依据同一种价值观与价值取向，那么这两种行为就会产生分裂，特别是作为设计批评的价值取向相异于与设计的价值创造取向，那么，设计批评作为反馈的信息重新返回到设计创造的起始观念，就会使设计创造的价值观产生互不两立的分裂，使设计创造无法进行。那么有无可能两者的价值观存在着一致的错误呢？从理论上来说，这是不可能的。因为人们来自产品使用中及使用后的批评，是来自生活体验中的批评，这种批评所依据的就是人们对他们在生活中对产品所创造的各种价值的真切的体验与评价，是唯一正确的结论。因为，只有生活，只有生活中的体验与实践，才能使设计产生真正的价值，才能产生正确的价值观与价值取向。

批评作为一种评价行为，从根本上讲即是一种价值判断活动。任何批评和评价必然是以价值问题为核心的，而研究价值问题就意味着对人的自身存在状态的关切与生命意义的关怀，因为任何价值都是对人而言。无论我们对什么进行评价，都是以该物与主体需要的关系为对象，都是主体观念和需要的反应。所以，离开作为主体的人就失去了价值关系存在的基础，也就无所谓价值，从而也就没有真正的设计批评。因此，设计价值可以、也应当成为设计创造初期的设计创造观念来约束设计活动的展开。也就是说，设计价值在某种意义上作为约束设计的原则，控制着人们的设计行为。对于设计价值探讨与研究，其实质就是对设计原则的确立。设计原则的确立，就是保证了设计的价值取向。在逻辑上讲，这个封闭的回路结构是合理的、科学的。

因此，设计原则也就是设计批评的标准。

可以把批评看作是人类的一种特殊的认识活动——它不同于认识世界"是什么"的认知活动，而是一种以把握生活世界的意义或价值为目的的认识活动；它所要揭示的不是世界是什么，而是世界对于人意味着什么，世界对人有什么意义。在现实生活中，人们正是通过批评和评价，才懂得何为利和何为害；通过批评，一个中性的事实世界展现为一个具有利害之别的价值世界。从这个意义上说，批评就不仅是对人们所经历的行为或事件的评点，而且更是与行为和体验的过程本身密不可分的行为方式和思维方式。换言之，人作为敏感的生物，存在就意味着批评和评价。人的一生，都在思量着事物对人意味着什么，总在与有限的时间、精力、资源的关系中估价着供选择行动可能具有的价值。因此，批评就不仅是提供我们对外在事物的判断，更重要的是它意味着对自身行为价值的判断，从而领悟自身存在的含义，不断调整自身的思想和行为，以更大限度地实现人生的价值。就本质而言，设计批评的目标也在于此。

7.3.3　设计批评的社会意义

（1）宣传、传播设计思想、理论和知识，构建社会的设计文化

目前社会普遍地对设计作为一种文化认知不足，其本质原因是社会没有构建起设计文化。一个主要原因是设计理论知识普及不够。每一次面对公众的设计批评其实都是一次设计理论知识的宣传和普及，有助于人们认识设计、重视设计。设计产品越新颖，设计现象越独特，公众对其接受就越困难，这就需要设计批评的参与和帮助。设计批评引起和促进公众对设计产品等的感情、兴趣和某种观念，但应当避免对批评对象的肤浅、含糊和片面的解释。在一定条件下，设计批评能够促成社会公众舆论氛围，即以特定设计产品为中心、有一定氛围强度和精神引力的公众言论存在的空间范围，其中设计产品既是现实的物质消费对象，又是社会的文化现象和精神评价对象。

（2）总结设计活动经验

对于以不断创新为灵魂的设计来说，分析设计创造实践中的知识或技能，概括在适应、满足公众需求的同时，引导公众消费的经验，并做出对他人、后人的设计创造有指导意义的结论，是很有必要的。对新产品的创造、新设计方

法诞生的具体批评，包含有设计知识技能经验的总结。

（3）提高对设计传统的认识

通过对设计遗产的再评价，提高对设计传统的认识。前代人创造的或已有的设计产品也可以而且理应成为设计批评的对象，这涉及对设计传统认识的发展和深化，进而会给予今天的设计师以及某种教育和启迪。有的设计学者明言："继承发展一切优秀的传统，不是溶于在古物之中，而在于继承保全作为传统精神的创造者的理念，即创造。"❶对设计经典的已有评价并非终极结论，在今天设计批评的再思考、再评价中，传统、经典的生命在延续、发展。

（4）推动设计批评学体系的建立与健全

设计批评有着自身的理论体系。在此基础之上形成的设计批评学将引导设计批评更加健康地发展，为设计学的发展起到应有的作用。对设计批评的批评是设计批评的一个特别重要的方面。对设计批评的批评和反批评会推动设计批评学科的真正建立和逐步完善。同理，设计批评家吸取设计史论的成果，并对这些成果和设计史论学科状况作出自己的评价，自然也有助于设计史论学科的建设。

（5）提高设计水平

设计批评是联系设计与社会大众的中介。设计批评是在社会范围内一头联系着设计，另一头联系着社会大众。设计批评的一个重要的任务，就是引导社会大众对设计成果的鉴赏与接受，另一方面，社会公众对设计的反馈意见与评价也可以通过设计批评，供设计方或生产方修正。

设计批评的方式有：国际博览会，展览会等会展；团体审查批评；群体消费批评以及个体批评等。

7.3.4　设计批评的复杂性

7.3.4.1　设计批评复杂性的表现

一般来说，设计批评与设计研究，设计实践与设计教育处于彼此的互动状态中，因为他们之间有着密切的关系。但是这样说，并不是意味着它们必须始终同步地发展。事实上，目前的设计批评，特别是产品设计的批评，大大地落后于设计研究、设计教育和设计实践。应该说，这正是设计批评复杂性的一个表现。

体现设计批评的复杂性的第二种现象就是设计批评结果的不一致性，有的甚至完全相悖。

7.3.4.2　造成设计批评复杂性的原因

造成设计批评复杂性的主要原因是设计标准的不统一，即每个批评者所掌

❶　[日] 大智浩，佐口七朗合编．设计概论．张福昌译．杭州：浙江人民美术出版社，1991：173.

握的批评标准不一致以及时代变迁所引起的批评标准的变化。

（1）使用者的不同感性体验导致设计评价的差异性

20世纪60年代兴起的接受美学（aesthetics of reception）理论认为，一件艺术品的价值和意义，并不是由作品本身所完全决定的，而是由艺术接受者的欣赏与接受程度决定的。作品本身仅仅是一种人工的艺术品，要经过接受者大脑的认知、领悟和解释，才能成为一种"再生"的作品，构成为审美对象。前者是"第一文本"，而接受者的"再生"的作品是"第二文本"。第一文本如果没有经过接受过程，就没有实现自己的作用。也就是说，只有经过接受者的接受过程，接受者产生了"第二文本"，第一文本的存在才有意义，才是一个完成全部过程的艺术品，此时，艺术品才是有价值的与有意义的。接受美学这种艺术作品接受论对于产品设计有着重要的启迪意义。

一件产品，当它经过设计并被制造出来成为一个产品时，还只是一个"第一文本"，当这一个"文本"未被消费者"接受"，只是停留在流通领域中时，这个产品对人是毫无意义的，也是没有任何价值的。而作为工业设计来说，也没有产生设计的价值与意义。当产品进入消费者手里，不同的消费者依据自己的认知习惯、行为习惯、生活方式来使用产品时，便得到了各自不同的体验，从而得出自己对该产品的全部印象与体会，于是就产生了产品的"第二文本"。当产品的"第一文本"促发产生"第二文本"时，产品设计的含义也就产生了。到此，产品设计的意义与价值才真正地显现出来。产品设计（包括后来的制造与生产）作为"第一文本"在不同接受者哪里，由于每个人有自己的认知水平与认知习惯，都有自己的行为方式与生活方式，所以对于同一个产品的使用，体验也就不同。因而，每个人所建立起的产品设计的"第二文本"也具有差异性，亦即设计批评也大不一样。这不能归之为设计的无奈，而应理解为生活的丰富与多彩。这种建立在使用者不同感性体验基础上的设计批评构成产品设计批评复杂化的因素之一。

作为一般的产品使用者，只是往往从使用的体验角度出发，发出设计批评的意见。这是一种主要建立在感性体验基础上的产品设计批评与评价。当然也有建立在理性基础上的评价，这是一个专家系统的评价。但是专家系统的理性评价是一种也是建立在产品使用体验这个感性基础上予以理论化后的批评与评价方式。因此产品体验是产品设计是否成功的一个必不可少的过程与评价的主要来源。

（2）设计批评者所掌握批评标准的不一导致理性批评的差异性

造成产品批评复杂性的第二个因素，就是理性批评者所把握的设计原则的差异性。

严格地说，在中国目前存在着不断发展的产品消费者建立在感性体验基础上的设计批评，但却缺乏社会化的产品的理性批评。但这并不意味着中国社会完全缺乏这种理性批评。中国庞大的工业设计教育体系在工业设计学科教育上体现出极端多元化就间接反映出工业设计理论理性批评不仅存在，而且因缺乏基本一致的体系性理论认知而使得这种批评的标准仍处于发散而未进入收敛阶段。

中国目前理性的设计批评主要表现为设计教学的培养目标的确定上。这里说的培养目标不是指各个学校在专业人才培养计划中书面所表述的内容，而是指四年本科教学结束后，学生实际具备与掌握的素质、知识与技能等。

目前在国内，主要有两个方面原因导致产品设计理性批评的复杂性。

① 设计学科涉及社会科学与人文科学的特征使批评者持有的批评标准具有差异性。

即使在一个较为成熟的设计学科中，批评者对设计标准的把握存在着差异，有时甚至是很大的差异，这是由设计学科自身的特征所决定的。设计学科更多地涉及自然科学、社会科学与人文学科，而社会科学与人文学科范畴内的标准与原则，不像自然科学范畴中各学科分明的、非此即彼的是非判断，它们存在着许多模糊性与不确定性。因此，这些领域对设计的影响，作为设计的批评标准之一，就由不同批评者的各自的理解与认知而形成彼此有差异甚至有较大差异的批评标准。就像建筑设计这一个相对于产品设计更为成熟的学科，无论在世界建筑史上还是当前存在的建筑设计批评，都明显存在着这一情况。

如在产品设计领域，产品设计、制造方面的所谓"有计划废弃"制度，即人为寿命设计即是一个颇多争议的话题。肯定它的一方认为它是拉动社会消费需要、促进生产的有效手段；指责的一方指责它是控制消费者、浪费资源的狡猾手段，完全反映了商业设计中唯利是图，不顾及设计伦理与违背绿色设计原则的本质。

至于"一次性产品设计"的这种产生于一些发达国家的设计观念，建筑在对自然资源大量占有及对环境造成巨大的污染之上，就连这些国家的有识之士也将此谴责为"血腥的创造"！

② 工业设计学科缺乏明晰的本体论结构导致理性批评标准的不一致。

在一个新兴学科，或一个尚未发展完善的学科中，学科的理论体系尚未建立起来，即缺乏这一个学科的本体论结构，在这种状态下，想把握这一个学科的完整状态是极其困难的。工业设计学科就处于这种情况。因此工业设计的批评就由于批评者对工业设计学科本体论认知的差异，而使得所把握的设计批评的标准不一就毫不奇怪了。这样，产品设计的理性批评的复杂性也就容易理解了。

③ 设计原则的动态变化导致设计理性批评标准的变异。

设计批评的标准是一个历史的概念、动态的概念，它不是一成不变的。从总体上说，产品的设计原则不是"朝令夕改"的，是相对稳定的。它反映了人

Chapter 1

Chapter 2

Chapter 3

Chapter 4

Chapter 5

Chapter 6

Chapter 7

对产品与人的关系、产品与自然的关系以及产品与社会的关系的总体性认识。但是，随着时代的发展，人类技术水平的提高，设计原则中的某些方面（如20世纪以来对自然环境的资源与污染的极大关注，以及人性在不断发展与提高的技术面前的地位变化）上升为更为重要的设计原则，因此，设计批评的标准也会随着时代的发展而发生变化。

复杂而变化的设计批评与争论，是批评家思想、理论、智力与才华的交锋，其实更是不同社会力量、不同社会需求、不同社会意识的矛盾冲突，也可以看作社会成员为追求社会良好秩序和真正平衡与和谐的努力，视为人们对社会、对世界认识深化的一个必要过程。例如，大约在20世纪60～70年代，高度工业技术倾向曾在建筑及工业设计中一度繁荣，迄今没有完全止息，但它也一直受到正反两方面的批评。20世纪80年代中期开始，高技术倾向遭遇尖锐质疑，这是由于后工业社会的诸多弊端越来越彰显，对技术的反思越来越成为人们的热门话题，越来越多的人们开始不满意过分注重和依赖工业技术却普遍漠视精神情感的设计现象，真正意识到自己所需要的应当是物质和精神的同时满足，一种灵与肉的平衡。

时间的检验就是社会生活实践的检验。设计批评的复杂性还表现在对其本身的判断和验证需要时间，发展、变化着的社会生活在这方面同样显示为最终的决定力量。众所周知，埃菲尔铁塔（Eiffel Tower）施工初始曾引起轩然大波，指责之声不绝于耳。如今它被普遍认为是建筑史上一次设计革命和一件技术杰作，被巴黎乃至全法国公众公认为巴黎乃至法国的一个象征。

参 考 文 献

[1] 许喜华，陈浩．《汉城工业设计家宣言》解读与设计本体论研究．装饰，2005，1

[2] 程能林．工业设计概论．北京：中国机械工业出版社，2006

[3] 冯娴．Oullim——探索正在显现的设计范式．艺术与设计．2001，6：83

[4] 许喜华．工业造型设计．杭州：浙江大学出版社，1988

[5] 李砚祖．造物之美—产品设计的艺术与文化．北京：中国人民大学出版社，2000

[6] 陈望衡．艺术设计美学．武汉：武汉大学出版社，2000

[7] 许喜华．论产品设计的文化本质．浙江大学学报（文科版），2002，4

[8] ［美］阿摩斯·拉普卜特．文化特性与建筑设计．常青，张昕，张鹏译．北京：中国建筑工业出版社，2004

[9] 荆雷．设计艺术原理．济南：山东教育出版社，2002

[10] 王德伟．人工物引论．哈尔滨：黑龙江人民出版社，2004

[11] 章利国．现代设计美学．郑州：河南美术出版社，1999

[12] 李亮之．世界工业设计史潮．北京：中国轻工业出版社，2001

[13] 李建盛．当代设计的艺术文化学阐释．郑州：河南美术出版社，2002

[14] 日本物学研究会黑川雅子等著．世纪设计提案—设计的未来考古学．王超鹰译．上海：上海人民出版社，2003

[15] 黄厚石，孙海燕．设计原理．南京：东南大学出版社，2005

[16] 朱庆华，耿勇．工业生态设计．北京：化学工业出版社，2004

[17] 黄顺基，黄天授，刘大椿．科学技术哲学引论．北京：中国人民大学出版社，2000

[18] 李燕．文化释义．北京：人民出版社，1996

[19] 向翔．哲学文化学．上海：上海科学普及出版社 1997

[20] 堺屋太一．知识价值革命．北京：东方出版社，1986

[21] 罗国民等．绿色营销．北京：经济科学出版社，1997

[22] 余谋昌．古老文化的理论阐释．吉林：东北林业大学出版社，1996

[23] 陈筼泉，刘奔．哲学与文化．北京：中国社会科学出版社，1996

[24] 杨砾，徐立．人类理性与设计科学——人类设计技能探索．沈阳：辽宁人民出版社，1987

[25] 陈昌曙．技术哲学引论．北京：科学出版社，1999

[26] 章利国．现代设计社会学．长沙：湖南科学技术出版社，2005

[27] 许喜华．从物化到文化——论中国企业产品设计观念的革命．中国机械工程学报，2002，12

[28] 吴翔．产品系统设计——产品设计（2）．北京：中国轻工业出版社，2000

[29] 鲁晓波，赵超．工业设计程序与方法．北京：清华大学出版社，2005

[30] 简召全．工业设计方法学．北京：北京理工大学出版社，2000

[31] 凌继尧，徐恒醇．艺术设计学．上海：上海人民出版社，2000

[32] 尹定邦．设计学概论．长沙：河南科学技术出版社，1999

[33] 徐千里．创造与评价的人文尺度．北京：中国建筑工业出版社，2000

[34] 肖峰．技术的人性面与非人性面．北京：科学技术文献出版社，1991

[35] 陈凯峰．建筑文化学．上海：同济大学出版社，1996

[36] 周穗明．智力圈——人与自然关系新论．北京：科学出版社，1991

[37] 肖峰. 高技术时代的人文忧患. 南京：江苏人民出版社，2002

[38] 王雅林. 人类生活方式的前景. 北京：中国社会科学出版社，1997

[39] 高亮华. 人文主义视野中的技术. 北京：中国社会科学出版社，1996

[40] 司马云杰. 文化价值论. 济南：山东人民出版社，1990

[41] 邹广文. 文化·历史·人. 武汉：华中师范大学出版社，1991

[42] 王永昌. 走向人的世界. 北京：中国工人出版社，1991

[43] 陈望衡. 美与当代生活方式. 武汉：武汉大学出版社，2005

[44] 张传芳. 人的哲学问题. 杭州：浙江美术学院出版社，1989

[45] [法] 马克·第亚尼. 非物质社会. 滕守尧 译. 成都：四川人民出版社，1998

[46] 章韶华，王涛. 需要——创造论. 北京：中国广播电视出版社，1992

[47] 李伯聪. 工程哲学引论. 郑州：大象出版社，2002

[48] 中西元男，王超鹰. 21世纪顶级产品设计. 上海：上海人民出版社，2005

[49] [美] 安德鲁·戴维. 精细设计—匠心独具的日本产品设计. 鲁晓波，覃京燕，梁峰译. 北京：清华大学出版社，2004

[50] 产品设计，总005

[51] 大设计，2005，3，4

[52] 设计新潮，2000，2期

[53] 世界发明，2004，6期、2005年1、12期

[54] 艺术设计·产品设计，2002，6期

[55] 艺术与设计，2001，4，5期

[56] 科技新时代

[57] 设计，2007，7